108 chakra soupes

喚醒七大脈輪能量的108道湯品

阿育吠陀
養生湯

海倫·瑪格麗特·吉歐萬內羅｜著
Helen Margaret Giovanello

簡·蒂斯塔爾｜繪圖
Jane Teasdale

麗貝卡·珍內｜攝影
Rebecca Genet

黃蓉｜譯

全家人的天然飲食手冊

　　全世界的素食食譜一定不少，但結合印度古老瑜伽的脈輪理論，和傳統阿育吠陀食療法概念的食譜，卻是麟角鳳毛！感謝具慧眼引進本書造福國人的橡實出版社，讓黃蓉有機會譯介這本養生食譜，除了讓早已是專職瑜伽教學者的我，能重拾優美法文的學習外，也從烹調美學中，理解到關於愛的議題與靈性追求，是可以跨時空、文化與領域的探索，不但無違和感，還能相輔相成！

　　本書呈現關於愛的議題，明顯可知的是，藉提倡素食可減少畜牧汙染而能友善環境，間接愛地球。採純天然食材的烹飪法，也是善待自己的身體，體現愛自己也關愛旁人的直接方式。作者甚至指出烹調製程應持有的心態，也就是要開心，要用愛心，才能賦予烹飪的價值與意義。

　　難能可貴的是，書中提供的 108 道湯品，作法都十分簡單！

　　對於健康者而言，本書可做為養生參考。

　　對於亞健康者或特定需飲食控管的病患來說，具有天然食療的好處。

　　對於長期外食者來說，是難得下廚時最好的參考廚藝祕笈。

　　對於牙齒不佳或消化不易的年長者而言，這些湯品更是一大福音！

　　對於不喜蔬食而偏食的孩童來說，咖哩相關料理的受歡迎程度，一點都不輸炸雞喔！

　　最重要的是，身為負責下廚的烹調者而言，本書可協助你料理出簡易、快速又多樣化的健康愛心餐！

　　本書最別出心裁及無獨有偶的構思來源，是作者結合了她的瑜伽背景。藉由天然蔬食的能量轉化好處，來闡述古老瑜伽的脈輪能量概念，其創意來源已超越色彩美學或食療法的範疇，如同某種自創的純粹烹飪美學。宇宙中的地、水、火、風、空五大元素，孕育並滋養著所有自然界萬物。古老瑜伽本就認為每個個體亦是由這五大元素組成的，五大元素又與人體無形能量光體中的七大脈輪有相對應的關係。

五大元素各有粗鈍形式、精微層次和無形能量這三大類型的結合。譬如地元素，有粗鈍形式的土壤或岩石，精微層次則是暗藏多種礦物質，而當地元素無形能量凝聚成強大能量時，即是地震所釋放出來的地震波，此能量可巨大到造成地殼變動或山川位移！第一脈輪「海底輪」是對應地元素。水元素的粗鈍形式是河水或瀑布，但精微層次的水分子結晶體，在顯微鏡下可呈現如鑽石般的美感。當科技善用水資源時，可成水力發電的無形能量之轉化。第二脈輪「臍輪」是對應水元素。依此類推，其他三大元素均具備各自的能量狀態，第三脈輪「太陽輪」是對應火元素，第四脈輪「心輪」是對應風元素，至於通稱「上三輪」的喉輪、眉心輪和頂輪，則對應空元素。其中，空元素被延伸為宇宙神性能量，人體頭心處的「頂輪」被認為是連結最高神性能量的關卡。

所有蔬果穀物既然均是由地、水、火、風、空所滋養出來的，本就吸收了這樣的日月精華能量。所以，作者透過這樣的理解，採取最貼合能量保存的簡易烹調方式，讓食用者得以受惠於符合大自然能量的原始養生之道。

既然每天均需進食，本書將是你全家人極佳的天然飲食手冊！

Namaste！

前言

不在乎捨棄，即能貼近愛與烹飪。

——《生活小指南》(*Life's Little Instruction Book*)，H. 傑克森 伯朗 Jr.（H. Jackson Brown Jr.）

　　本書並非深奧的脈輪介紹，也不只是阿育吠陀烹飪法，它可說是集結我個人的學識與經驗累積，所延伸出的創造力和顯化出的直覺力，再融合所有感官覺醒的著作。

　　從我所熟稔的概念出發，分享過去未曾發表過的成果，即 108 道脈輪能量湯：是有益健康且美味可口的食譜，還兼顧簡易和快速作法。

　　本書建構在幾大元素的串連上，即色彩、口味與結構，猶如在畫布上的圖，每一種色調都可被突顯出來，再相互混搭後，呈現出最後的畫作成品。

　　我深信，烹飪應該保有自由空間和個體表現。總體來說，有些烹飪書籍讓我卻步三分，因為許多烹飪法使我感覺過於困難與被制約。108 道脈輪湯品的作法，可以讓每個人依序製作，也可依自己的口味另行研發出新料理。

　　本書應該被視為一種引導，藉以激發你的好奇心、感官覺知和想像力，在此同時，也有助於您的脈輪能量平衡！

我的經歷：
愛上阿育吠陀及脈輪能量湯的過程

　　我與阿育吠陀的相遇，雖說是源自於齋浦爾（Jaipur）恆河邊的眾寺廟，還有停留在喀拉拉（Kerala）步調緩慢的村莊期間，但其實，我在更早之前就發現了這門數千年的印度科學，那是在一個混亂、一切不斷在改變，也改變了我的城市，紐約！

　　我會來到紐約，是基於某些因緣巧合。我原本只打算待 6 個月，想加強我的英語能力並進行寫作計畫，沒想到一待就待了 11 年。隨著學習及工作，我在這個不斷求新求變的城市裡如魚得水，樂此不疲，亦從不認輸。赫赫有名的國際攝影中心（International Center of Photography）是由康奈爾·卡帕（Cornell Capa）於1990 年代初期創辦的學校，當年他散步於學校走廊上時，所有學生都會投以欣賞的目光。我有幸考上後，離開了形狀渾圓的巴黎市，來碰撞這座有著堅硬鋼角的紐約市。

　　最快速的轉變是，沒有了露天咖啡館的下午茶，在這裡，人們奔波於工作之間，從家裡到健身俱樂部，從約會日到藝術展覽的開幕日。我隨著這個步調，背著沉重的攝影背包，穿梭在大街小巷中，協助攝影師們，在學習的同時也步入我的記者職業生涯。最初三年的工作經歷有：《紐約時報》（New York Times）、《L'Espresso 週刊》、《新聞週刊》（Newsweek）……，還有各展覽會場。我日以繼夜地把自己關在學校工作室裡，處理自己和其他人的照片。在紐約的攝影師們，聚合成一個紮實的團體，猶如國際攝影中心內部組成的大社交圈。

　　在結束白天的工作後，我開始自己下廚，因為長期以來我已經吃膩了街角的中國菜了。還有，我的消化系統經常出毛病，即使在我戒菸之後，長年來依舊持續這種狀況。在巴黎時，家庭醫生就曾指定我到腸胃科檢查，並指出我的消化系統再也不會恢復正常了！對一個 27 歲、身體應該很健康的年輕女子來說，這話說得有點過分。另外，我也使用過順勢療法醫生開的藥方，但是沒有效果，他曾用很神祕的口氣說：「你需要的是阿育吠陀療法！」在 1990 年代，很少人知道阿育吠陀，我暗自竊喜地把這個訊息保存在腦海中的某個角落。

1995 年，我報名了紐約城市大學的電腦課程，剛好看到牆上張貼的活動和會議訊息：「阿育吠陀醫學專家 X 博士與你會晤」，我隨即去電預約。經過第一次的拜訪後，我開始進行了為期一週的「帕奇卡瑪淨化療程」（panchakarma）。我在調整了自己的飲食習慣後，也開始調整自己原有的體質，在知道自己屬於風 -火（Vata-Pitta）型的體質（請見 p.31）後，接受定期療法。這一切奇蹟般地起作用了！胃部的沉重感竟然消失了，我照常吃，隨後的消化情況感覺都還滿好的，應該說是非常好喔。差勁的是，我竟然忘了藥方名稱，總之，它解救了我可憐的胃，和過去因長期飲用可怕的藥茶、消化藥、瀉藥或排毒的藥方，而造成的腹脹問題。

阿育吠陀，這個歷史長達千年的整合醫學，向我敞開了大門。它的療效使我想深入鑽研，也為它深感著迷。我過去原本就長期對草藥和自然療法感興趣，再加上我或多或少算是素食主義者了。至於香料，早在我 17 歲第一次去印度旅行後，就占據著我廚房的一部分。所以，我準備好要來探索自己的主要療癒法的源頭。

那些喝熱湯的回憶

2002 年 1 月，氣溫大約零下 15℃。我開始觀察到紐約街頭轉角處，有越來越多人手捧著熱湯，那是用不同大小的厚紙碗盛裝，有個蓋子，再配上幾片麵包。當你開心地使用餐桌上的菜餚時，不太會碰觸到能溫熱雙手的熱騰騰的湯，但對我來說，這樣的湯真是不合我的口味。這一切要回溯到我的童年，在義大利時，我母親總是要求我晚上一定要喝湯，她說：「這對健康很好。」

另一方面，艾琳娜是我青少年時期的好友，她從義大利杜林市（Turin）打電話給我。她始終沒有從失戀之苦中走出來，我感覺到她的不對勁，便力邀她來紐約，看看能否有所改變。我們在曼哈頓區的西班牙哈萊姆（Spanish Harlem）合租小套房。她在一家電台找到工作。我們倆共享了一小段步調相同的生活。每到晚上，艾琳娜都會準備各種湯。在觀察後，我欣喜地發現湯的作法不但簡單，而且不論口味或香味都像極了我的童年記憶。我慎重其事地品嚐著，雖然喜歡，但還沒喜歡到要冒險去下廚的地步。

不久後，艾琳娜離開了，只留下她那些湯的香味。至於我，讓攝影師工作把我帶離紐約，前往印度、非洲，然後出乎意料之外地，回到了巴黎。

在 2010 年時，我開始了艾揚格（Iyengar）瑜伽師資的培訓課程，並歷經三年

持續不懈的學習。我不斷精進、鍛鍊及教學，三年來投入學習並吸收此派別的精髓，每天總是忙到很晚。以阿育吠陀的觀點，建議晚上時要吃清淡、易於消化的熱食。長久以來，我已經養成這樣的習慣了，但該準備什麼呢？在巴黎時，我總是覺得冷，天氣常下雨，太潮濕了，對於風一火型體質的我而言，可不太好。假如我來喝碗湯呢？應該不錯，但是要用什麼材料來煮呢？我看著市場的攤位……

動手烹煮脈輪能量湯

　　一直以來，廚房是讓我感到自在和做實驗的地方。烹飪能使我全神專注，使我感到平靜，如同一種動態的靜心冥想方式。在接受瑜伽師資培訓課程後，我對於脈輪，即七個能量中心產生了興趣。我知道每個脈輪與單一顏色有關連性。若要從脈輪議題來做研究的話，我是否能嘗試以脈輪顏色為優先考量，來挑選食材做湯品呢？這個想法實在振奮人心。我打開冰箱，並選擇了跳進我腦海裡的脈輪顏色之蔬菜。順從自己的直覺去做，所以一點也不擔心味道與預期會有所出入。少許的油，切好的洋蔥薄片，各種香料，切成塊狀的蔬菜，一些水……我讓它滾著，然後打開我的瑜伽墊，讀著每日練習表單，因為在訓練過程，我們要遵從一套確實的練習法。二十分鐘後，我的湯煮好了，接著，關火，用手持電動攪拌棒將湯料打成泥狀，再讓湯靜置在一旁。到了晚上，我對湯品呈現的味道感到非常驚訝：太棒了！我完成了我的第一道脈輪能量湯！我不僅有了現成的晚餐，還發現了可以無限創新並探索的新大陸。一堆食材在我眼前跳舞，像是在邀請我也把它們都加進湯的行列中。

　　我以成為嚴格的素食主義者為目標。這是道德至上的一種選擇。我幾乎不吃雞蛋了，另外，自從在紐約第一次遇見阿育吠陀醫生，知道我的風一火體質並不適合食用乳製品後，我也不再吃該類食品了。只剩下我始終抗拒不了的新鮮乳酪球（Boules de Labneh，參見 p.49），實在是它的風味太迷人，又能做出多樣化的料理。還有菲達乳酪，那是因為源自於我對希臘的熱愛。帕馬森乾乳酪，則是縈繞著我在義大利時的童年回憶。還有酥油，這黃澄澄的奶油可是阿育吠陀不可或缺的必備品（參見 p.42）。

　　真正的轉折點是在 2013 年，當時我遇到了馬克・凱斯特（Mark Keister）阿育吠陀醫生，他是我的導師、智者及好友，我對他永遠懷抱著無限感恩。剛柔兼具

的馬克，幫助我加深了對阿育吠陀知識的理解，並有助於將它整合到我的日常生活中。

在廚房裡，我的直覺力更加提升了。每隔兩天就能做出一道新湯品，因為菜餚不應該被過度加熱。你應該要吃新鮮的，不要吃冷凍食品，此外，更要避免使用會破壞分子的微波爐！新鮮食材具有生命力、生命能量，並能賦予我們健康生活的活力。早餐之後，練習之前，在收發郵件後和淋浴前，我會準備煮湯，然後放到晚上再喝，這已變成我的習慣。我觀察到，如果把湯靜置幾小時之後再食用，會更好喝，雖然馬克並不這麼認同。各種食材需要一些時間彼此相遇、相融，才會形成一種新的和諧性。

本書誕生的源起

我經常和艾琳娜用 Skype 聊天，此時的她已經回到杜林市居住。有一天晚上，她問我：「為何不將脈輪能量湯的想法寫成一本書呢？」我回答：「我沒想過耶，一直以來，我都只是為了自己而烹飪。」在巴黎時，自從離婚後，我都是找室友合租公寓；在紐約當學生時，也是如此。如今，我的室友是個 25 歲的義大利人，皮耶－保羅（Pier-Paolo）總是好奇地看著我熬煮湯品，我則會請他試吃。不久後，這就成了我們晚上的慣例。我先不透露湯裡放了什麼食材，等他品嚐新湯品後，再開啟我們的話題。如同義大利人的習慣，我們開心地待在廚房裡討論著正在吃的食物。皮耶－保羅在剛開始時會保留自己對湯的感受，之後才變得暢所欲言。但我千萬不能因為他的好評而自得意滿，應該要持續鑽研食材、口味和作法。此外，他也堅持我要寫出能讓人願意一煮再煮的食譜。我承諾會針對這個想法多加思考，而且應該要有一個特定數字，一種既定作法……108 道脈輪湯品，就是寫它嘍！108，蘊含著滿滿神聖內涵的數字（參見 p.41）。

我拿出當年在印度買的、再生紙製成的小記事本，開始做起筆記。這可是需要一些時間的，因為湯品的形成，不只是來自烹煮過程中的突發靈感而已，甚至有一些是我在市場蹓躂時從攤販叫賣聲中得到的。番茄、櫛瓜、甜椒、韭蔥、椰子……市場攤位上，不管是夏季或冬季，都擺滿了有著各種脈輪顏色的食材：紅、橙、黃、綠、白，但要如何製作出屬於「喉輪」天空藍的湯品呢？那「眉心輪」的靛藍呢？對此，我的製作方式就更需要直覺力，以便尋求到的結果能如清朗無

雲的藍天之溫柔，或星空夜晚的深黝。終究，我想尋求的是能令人回味的口味，勝於真正的顏色本身。這就行得通了。

　　烹飪的意圖為何是基本之道，因為最終都會回歸到自己本身，因此應該帶著愛與歡喜心下廚。有些湯品是濃稠的泥狀，有些是塊狀，有時是濃稠的湯頭上只撒上幾顆鷹嘴豆或幾粒完整的小豌豆，讓你的牙齒咬出清脆喀喀聲而帶出一點小驚喜。我喜歡在最後使用手持電動攪拌棒，讓湯中食材的味道能夠相融合，營造出獨特的口味。烹飪應該是件玩遊戲般又迷人的事，並且要對每一口的品嚐有所覺察。我會審視著蔬菜，並讓它們引領我，進而發現在甜菜湯中加入用醋浸泡的刺山柑（câpres），可以刺激味蕾，有時則是撒上一點點切碎的香蔥或芫荽。我喜歡芫荽，除了它對消化有好處之外，也愛它那難以捉摸的味道，每每帶領我回到印度——我靈魂的家。在豌豆泥或豌豆湯中，我會放 Tofu Spread 牌的豆腐泥。在紐約，你可以在各大超市找到它，或可以用乳酪醬來替代。因此，當我在巴黎的世界素食（Monde Vegan）超市看到豆腐泥時，我內心開心得像在手舞足蹈！我也很喜歡自製三明治，但位於法國首善之地，乳製品或乳酪是很貴的，終於找到可取代的東西了。

　　自從我投入這個計畫後，煮湯這件事讓我的生活變得更規律。有時候，我還會加上音樂筆記，有來自於音樂人朋友瑞克·尼古拉（Rick Nichols）、奎師那·達斯（Krishna Das）、龐迪·哈利帕薩德·恰羅西亞（Pandit Hariprasad Chaurasia），還有土曼尼·迪亞巴提（Toumani Diabaté）。這些音樂經常在即將衝到地面的瞬間，又急轉向天空，旋律是那麼的懾人、動人和感人肺腑，又像在娓娓道來人生之路。我小心翼翼地註記著每一道新食譜旁的數字。我烹飪時，經常像進入夢遊狀態，總是隨著某種直覺，而後才又突然意識到我現在人在哪裡。我特別鍾情於熱騰騰的黃瓜湯。只是單純因為它不太常見。2015 年 4 月，為了接受進階瑜伽專業培訓課程和處理背部問題，我在紐約待了一個月。我的朋友尚恩好心地讓我住他家。「我家就是你家。」他說。當時，我從包包裡拿出「黃瓜優格冷湯」，但他和我一樣是偏愛喝熱湯的，於是我嘗試將它改良成熱湯，很好，我開始思索著……一直到回巴黎後，優格被取代了，變成椰奶配黃瓜！

　　書中的每一道湯品均有專屬命名：純粹喜悅、地中海、接納、母性……每道湯都向我展現著它自己，因為它們並不屬於我。它們所喚起的情感，是一種愛的

狀態。它們啟發著我，亦能激勵人心，撫慰並滋養人心。在烹煮的過程，請你進入全然專注的冥想中。存在於當下的，如同冥想源頭的，也就是「愛」，這才是此時必須融入的。烹飪和用餐即是一種當下。你要感覺自己是以每個味覺細胞都在歡舞般的狀態來品嚐食物，而它也會滋養著你。用餐時，你是在跟食物談戀愛。不用心的愛，是無法令人滿足的。臣服於這一獨特的時刻吧，存在於唯一的當下，也就是生活中；每一個當下皆蘊含著永恆。重新感受你的全然狀態。就讓食物填補你，並喚起你所有的感官：視覺、觸覺、味覺、嗅覺⋯⋯探險開始！

CONTENTS
目次

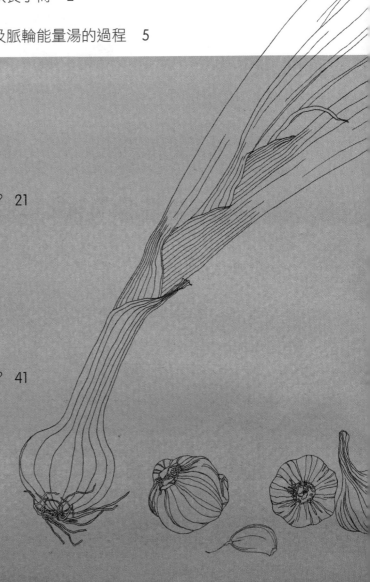

譯者導讀：全家人的天然飲食手冊　2

前言　4

我的經歷：愛上阿育吠陀及脈輪能量湯的過程　5

緒論

什麼是阿育吠陀？　20

這一切與脈輪有什麼關係？　21

七個主要脈輪　24

督夏　31

味道　34

香料　36

消化火　37

大自然循環週期　38

為什麼是 108 道脈輪湯品？　41

酥油（黃奶油）　42

烹調前的建議　44

基本食材　46

食譜

I 海底輪　53

腳踏實地•莧籽紅甜菜微辣湯　54

回歸生命根源•紅甜菜紅蘿蔔咖哩濃湯　56

母性•紅蘿蔔綠扁豆香料湯　58

內在自由•圓櫛瓜大麥微辣湯　60

放手吧•青蔥紅豆辣椰奶湯　62

自信•紅豆菠菜微辣湯　64

第一次•綠扁豆紅甜菜濃湯　66

初始•白蘿蔔甜菜咖哩濃湯　68

新的開始•紫甘藍鷹嘴豆香料湯　70

期望•綠扁豆地瓜湯　72

真正的綜合蔬菜湯　74

無垠之愛•青花菜紫甘藍椰奶濃湯　76

所剩何物•綠扁豆南瓜咖哩湯　78

大地•紅蘿蔔黃扁豆咖哩湯　80

完整•紅蘿蔔藜麥香料湯　82

II 臍輪 85

地中海•櫛瓜鷹嘴豆藜麥湯　86

全然寬恕•豌豆蕪菁香料湯　88

渴望你•綠橄欖藜麥湯　90

接近天堂•紅蘿蔔紅扁豆咖哩濃湯　92

原貌•黃蕪菁南瓜辣濃湯　94

喜悅•圓櫛瓜地瓜辣椰奶湯　96

慵懶星期天•茴香根地瓜湯　98

獨舞•紅蘿蔔豌豆椰奶湯　100

柑橘香•紅扁豆花椰菜濃湯　102

天鵝絨•黃扁豆根芹菜湯　104

無限恩典•綠扁豆地瓜香料湯　106

星期天之湯•茴香根南瓜微辣濃湯　108

風味十足•圓櫛瓜鷹嘴豆微辣湯　110

你的吻•南瓜櫛瓜微辣濃湯　112

做你自己•紅扁豆青花菜椰奶濃湯　114

今日•綠蘆筍紅扁豆地瓜濃湯　116

食譜

III 太陽輪 119

捨棄●紅蘿蔔鷹嘴豆香料湯 120

單純的喜悅●紅甜椒綠扁豆咖哩濃湯 122

起床，加油吧！●番茄櫛瓜香料湯 124

感謝●豌豆馬鈴薯辣濃湯 126

秋之戀●櫛瓜綠扁豆咖哩湯 128

溫柔●紅蘿蔔豌豆咖哩湯 130

撫摸●洋蔥南瓜濃湯 132

日升●根芹菜南瓜椰奶湯 134

我的香脆湯●圓櫛瓜玉米微辣濃湯 136

仲夏日●綠蘆筍黃扁豆微辣湯 138

在此●青花菜黃扁豆椰奶濃湯 140

雨天之湯●芹菜南瓜辣香料湯 142

精力●綠扁豆地瓜濃湯 144

純粹喜悅●黃甜椒地瓜椰奶湯 146

蝴蝶●櫛瓜鷹嘴豆微辣濃湯 148

IV 心輪 151

愛很簡單 • 紅蘿蔔豌豆微辣濃湯　152

接納 • 青花菜豌豆地瓜椰奶湯　154

鄉村小路 • 莧籽甜椒湯　156

童年的香味 • 綠蘆筍豌豆咖哩湯　158

在我心中 • 紅蘿蔔紅扁豆咖哩湯　160

在你心中 • 青花菜鷹嘴豆椰奶湯　162

歌唱著 • 綠蘆筍黃扁豆香料湯　164

夏日 • 豌豆藜麥微辣湯　166

利他主義 • 豌豆綠扁豆椰奶湯　168

動中之靜 • 莧籽櫛瓜豌豆湯　170

擁抱 • 青花菜防風草根濃湯　172

家鄉 • 菠菜紅扁豆椰奶湯　174

你和我 • 洋蔥豌豆濃湯　176

我愛這樣 • 羅勒櫛瓜濃湯　178

感受自己的心 • 茴香根紅扁豆椰奶湯　180

溫柔降服 • 根芹菜綠扁豆椰奶咖哩濃湯　182

我即圓滿 • 洋蔥豌豆微辣濃湯　184

食譜

V 喉輪 187

延伸至天空•黑豆藜麥香料湯 188

雨後•紅蘿蔔櫛瓜玉米椰奶湯 190

原諒•花椰菜豌豆微辣濃湯 192

冬季感受•豌豆黃扁豆微辣湯 194

彷彿一抹微笑•菠菜紅扁豆香料湯 196

內在呼吸•圓櫛瓜蕪菁椰奶湯 198

咒語•青蔥黃瓜辣椰奶湯 200

窩心呢喃•櫛瓜地瓜濃湯 202

我即永恆•綠蘆筍地瓜微辣濃湯 204

旋律•根芹菜綠扁豆香料湯 206

擁抱•圓櫛瓜豌豆濃湯 208

漫步沙灘上•豌豆綠扁豆微辣湯 210

冥想•櫛瓜綠扁豆微辣香料湯 212

小種籽•芹菜綠扁豆香料湯 214

感謝恩寵•黃瓜豌豆微辣椰奶湯 216

VI 眉心輪 219

內在看法 • 青花菜黑豆香料湯　220

內在美 • 蕪菁鷹嘴豆香料濃湯　222

真誠 • 菠菜馬鈴薯椰奶湯　224

平衡 • 番茄櫛瓜綠扁豆湯　226

寂靜 • 紫甘藍藜麥微辣湯　228

閉眼內觀 • 菠菜鷹嘴豆椰奶湯　230

甦醒 • 黃瓜黃扁豆辣椰奶湯　232

淨化 • 菠菜香料濃湯　234

永無止盡 • 菠菜南瓜椰奶湯　236

猶如太陽 • 菠菜玉米椰奶湯　238

唯二 • 蕪菁黃扁豆辣香料濃湯　240

深層療癒 • 青花菜綠扁豆香料濃湯　242

憐憫 • 蕪菁綠扁豆椰奶濃湯　244

食譜

VII 頂輪 249

人道精神●櫛瓜鷹嘴豆濃湯　246

此時此地●莧籽根芹菜濃湯　250

頂輪變奏曲●紫甘藍綠扁豆椰奶湯　252

直到結束●櫛瓜鷹嘴豆香料湯　254

輪迴●蕪菁豌豆咖哩濃湯　256

幸福●紅蘿蔔豌豆香料湯　258

佚名●綠蘆筍馬鈴薯微辣椰奶湯　260

恩典●花椰菜紅蘿蔔濃湯　262

如此剛好●圓櫛瓜紅蘿蔔微辣濃湯　264

返家●黃蕪菁大麥微辣湯　266

憶起印度●花椰菜綠扁豆咖哩湯　268

就這麼簡單●茴香根馬鈴薯辣湯　270

唯一●煙燻豆腐花椰菜濃湯　272

沙漠之歌●莧籽櫛瓜濃湯　274

再一次●根芹菜茴香根微辣濃湯　276

炎炎夏日●莧籽圓櫛瓜微辣濃湯　278

希望●青花菜櫛瓜椰奶濃湯　280

附錄

相關建議　282

緒論

善待你的身體，這樣你的靈魂才會想要好好待著。

（印度諺語）

什麼是阿育吠陀？

千年醫學

　　阿育吠陀的歷史起源於印度，大約 5000 年前，出自吠陀時期最古老的神聖經典。「脈輪」可説是阿育吠陀的基礎。阿育吠陀（Ayurvéda）是由梵語（印度神聖的語言）的幾個字根組成的，ayus 的意思是「生命」或「生活原則」，而 veda 是「科學」之意。因此，阿育吠陀可以翻譯為「知識」或「生命科學」。它被視為世界上最古老的保健系統之一，也是古印度智者流傳給人類最偉大的禮物！阿育吠陀也影響了其他地區的傳統醫學，如西藏、中國和古希臘。

生活藝術

　　阿育吠陀的醫學不僅能治癒疾病，也是一門真正的生命哲學，能教導我們如何顧及健康生活理念。阿育吠陀所涵蓋的不僅是身體層面，也包含更精微的層次，如普拉那（prana）、能量，和遍布自然界萬物的生命力。如果我們的生命能量流通良好，健康會變好，意識水準能提升，亦能感受到自身與天地萬物的連結。

　　有別於西方醫學，阿育吠陀的特點是：

- 強調要建立和維護普拉那（即生命能量）的平衡，而不是只著力於症狀。
- 考量到所有個體的特定體質差異性，並建議為不同的人提供不同的療法。
  健康不只是指沒有疾病，也要有和諧的生活方式並遵守規律的生活，是一種自己與世界處於平和的幸福狀態。

「吃進肚子的東西，形成了這樣的我們」

　　為了確保身體的健康，阿育吠陀的兩大基本作法是，維持健康的飲食和良好的消化系統。如果消化系統出現功能失調，身體的細胞和組織無法正常運作，就會導致各種疾病。阿育吠陀站在治療和預防疾病的角度來說，是把飲食法置於首要地位。這個想法是在很久之後，由鑽研吠陀經典的希臘人——希波克拉底（Hippocrate），即西方醫學之父，所提出的格言説：「讓食物成為您的藥物；讓您

的藥物即是您的食物」和「吃進肚子的東西，形成了這樣的我們」。

在阿育吠陀中，注重食物的純淨天然和取得來源是最基本的事，等於是對備料工作的尊重。其實，當你在做菜時，你的念頭已經賦予了食物某種能量狀態。一般來說，食物應該要新鮮現做（不要買已經煮好的或冷凍的），如果是熟食，最好在家裡製作。

把愛帶入你的廚房！

你的念頭和情緒，會隨著備料工作而影響食物並餵養進身體裡。

與食物發展出一種喜悅的關係，是你可以做到的、最合乎健康的事之一，而不是處於內疚、慌忙或漠不關心。食物造就我們的身體、思想和情緒，也給予我們能量。食物，責無旁貸地照料著我們的生活，只要求能被尊重。將你的手機、電腦、電視和其他所有東西，都放一邊吧！就只是吃吧！讓食物喚醒你所有的感官。了解並重新感受你吃進了什麼，讓食物在你嘴裡融化，不同的滋味蔓延開來，滿足著你；欣賞你盤子裡的食物，其色澤、擺盤……請覺知到所有這些都正在餵養著你整個人！一旦用完餐，利用幾分鐘時間審視你的感覺。自然而然，你將會開始重新體認到，你所選擇的食物對身體所造成的影響。

這一切與脈輪有什麼關係？

能量中心

脈輪（chakra）是梵文字，意思是「輪」。脈輪處於人體的精微體層次中，可接收、轉換及傳送生命能量。這股體內的流動能量，會流遍由眾多「氣脈」（nadi）構成的網絡。最主要的三條氣脈稱為「左脈」（Ida）、右脈（Pingala）和中脈（Sushumna）。這股能量沿著脊柱以螺旋路徑交錯上升，在眾多交會處形成各個脈輪。從脊柱底部到頭部頂端處，共有七個主要脈輪。

這些具生命能量的脈輪，影響著我們的健康，還有意識和心靈。為了達到生命的和諧，所有的脈輪應該要打開並互相協調。每個脈輪都有其特定的頻率，並

帶有各自的符號、音符、顏色、元素、內分泌腺（腺體直接分泌激素到血液中），也有影響感官、行為和情緒的功能。

只要經過一些特定的鍛鍊後，就有可能感知到自身的脈輪。那一種令人著迷的體驗，可引領我們探索極深沉的內在本質之各個面向。為了能感知到它，第一步是個體與自然元素或某種振動的相容。完全存在於每一個當下，深切感受到每一刻皆豐富且平靜。

如何活化及平衡脈輪？

看看人們現今的存在狀態，我們正面臨著考驗和各種困難。簡單來說，就是生命歷練的洪流。我們與內在脈輪的連結，會影響到自身的能量體、身體和心理。在我練習及教授艾揚格瑜伽和靜坐冥想後，使我自然地興起對脈輪概念的好奇心，並慢慢地開始測試不同的方法，想要活化及重新平衡自身的脈輪。在五大元素的基礎上，可對於你想處理的特定脈輪運用不同的調理方法，如靜坐冥想、瑜伽法、氣味、聲音或顏色。

靜坐冥想，同時結合音樂和顏色，是活化脈輪時最常用的方法。過去的我，曾經是舞者和攝影師，因而立即與此論點產生了共鳴。不過，全新的篇章打開了，因為我發現藉由食物顏色來把玩它的可能性。廚房儼然成為我的實驗室，有時我還會裝模作樣的哼著好友里克‧尼科爾斯（Rick Nichols），或阿里‧法可‧圖日（Ali Farka Touré）[1]、格倫‧顧爾德（Glenn Gould）[2] 的音樂，或甚至在廚房梵唱著吠陀讚美詩。

宇宙中所有的動態，小到從電子圍繞著原子核心運轉，大到行星環繞著太陽運行。所有的動態中，因為有振動，所以有振波，也就有聲音和顏色。我們身體的各個部位，亦有特定的共振頻率波動。這也是為什麼每一個脈輪有其連結的特定聲音和顏色。氣場即是包圍著身體的七彩光，是藉由每個脈輪的顏色光波所產生。不可否認的是，在我們的日常生活中，或多或少都可意識到顏色影響著我們。有些顏色讓我們感到平靜，有些則讓我們感到有活力等。因此，色彩療癒法便是建立在此基礎上。顏色放射出的強大振波，會對人體產生調節作用，無論是身體或精神層面。

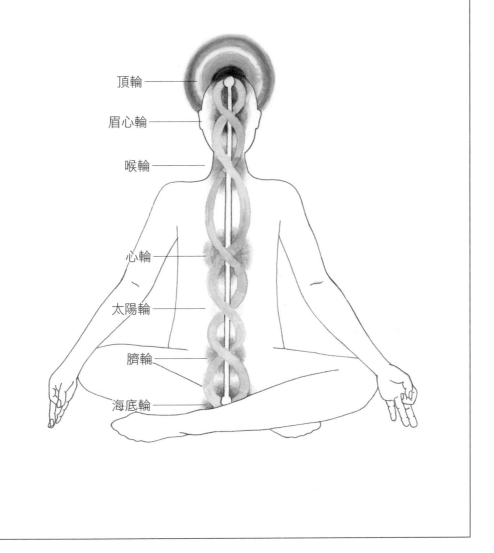

體內脈輪的位置

- 頂輪
- 眉心輪
- 喉輪
- 心輪
- 太陽輪
- 臍輪
- 海底輪

---

1. 阿里・法可・圖日（1939~2006）：知名的非洲藍調和傳統馬里音樂的音樂家，曾獲得葛萊美獎。
2. 格倫・顧爾德（1932~1982）：加拿大鋼琴家，擅長詮釋巴哈的作品。

七大主要脈輪

海底輪　Muladhara chakra

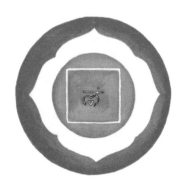

字源：Mul 的意思是「根」、「原始」、「本質」。Adhara 譯為「基層」、「基礎」。

符號：4 瓣蓮花

元素：地

音符：do

位置：會陰處，位在肛門和性器官之間。

身體部位：脊柱、骨、牙齒、指甲、肛門、直腸、前列腺、腳、腿、生殖器官、排泄系統（膀胱，腸等）和淋巴系統。

內分泌腺體：腎上腺，可分泌腎上腺素和去甲基腎上腺素，以便調節穩定的體溫。

感官功能：嗅覺

行為特性：海底輪為我們提供基本的能量，並協助我們找到自身的生命道路，也能使我們獲得安全感。它可以使我們與這個肉身做好連結，亦是滋養身體和精神層次的源頭。它與人的生命活力相對應。它關係著我們的生存本能；我們能逐步踏實地生活，具有過物質生活的穩定能力，包括金錢，即是仰賴此脈輪。

失衡症狀：疲勞、睡眠障礙、腰痠背痛、坐骨神經痛、便祕、飲食失調、消沉沮喪、自卑感、耽於舒適感、占有慾。

顏色：紅色。紅色可活化精力，如同扎根於地底般實在地過生活，也代表性慾。紅色代表溫暖，可促進血液循環，並給予活力和勇氣。

臍輪　Swadhisthana chakra

字源：Swa 的意思是「自我」。Dhisthana 譯為「座位」、「處所」。

符號：6 瓣蓮花

元素：水

音符：ré

位置：下腹部中央，位在肚臍和恥骨之間。

身體部位：骨盆、腰椎、生殖器官、腎臟、膀胱、體液（膽汁、淋巴液、尿液、汗液等）。

內分泌腺體：生殖腺體（卵巢和睪丸）。

感官功能：味覺

行為特性：臍輪是情緒和感覺中心。在情慾和感官欲望方面扮演著重要角色。此脈輪的能量有助於我們懂得透過各種感官來享受生活。因具水元素的對應關係，它可使我們的身體與思想流暢地連結。臍輪意指「自我所在」，能成就自我和自我肯定。

失衡症狀：腰痛、性慾減退、泌尿系統疾病、內分泌失調、膽怯、愧疚感、煩躁感、沉迷於性、缺乏創造力。

顏色：橙色。 橙色可增進活力並強化性腺。它可以舒緩情緒。光亮的橙色能鼓勵人更積極向上，有助於正向思考，也能提升感官之愉悅感。

太陽輪　Manipura chakra

字源：Mani 的意思是「珍珠」、「珠寶」。Pura 譯為「地方」、「城市」。

符號：10 瓣蓮花

元素：火

音符：mi

位置：太陽神經叢（腹部上方）。

身體部位：消化器官（胃、腸、胰、肝、脾）。

內分泌腺體：胰臟和分泌胰液的胰腺，皆有助於消化，同時扮演著調節血糖的重要角色。

感官功能：視覺

行為特性：太陽神經叢是專注力的集中處，也是能量重新分配之所在。它能接納前兩大脈輪的能量，再做更適當的重新分配。太陽輪連結到自我評價、個人意志的堅定性、技能和聰明才智。

失衡症狀：糖尿病、胰腺炎、關節炎、腸疾病、胃潰瘍、厭食、暴飲暴食、缺乏自尊心和野心。

顏色：黃色。黃色有利於消化，也能刺激食慾。這個顏色能幫助我們散播歡樂及擁有好心情。

心輪　Anahata chakra

字源： Anahata 的意思是「不敗的」、「生命之所在」。

符號： 12 瓣蓮花

元素： 風

音符： fa

位置： 胸腔中央。

身體部位： 心臟、肺部下方、血液循環系統。

內分泌腺體： 胸腺，此腺體可調節人體的免疫系統和成長。

感官功能： 觸覺

行為特性： 心輪位在七大脈輪的中間位置。它是靈魂的大門，並連結物質世界（下三輪）和靈性世界（上三輪），形成平衡狀態。心輪可呈現出愛、慈悲、給予，並願意敞開心胸接納別人。它亦能提升內在世界和外在生活的穩定與和諧。

失衡症狀： 呼吸器官和背部問題，心臟和肺部疾病，愛的議題中會有困難、嫉妒、孤僻。

顏色： 綠色和粉紅色。綠色和粉紅色有舒緩作用，是和諧、愛情、友情和同情的同義詞。它們象徵淨化與再生，使我們願意與大自然和他人交流。

喉輪　Vishuddhi chakra

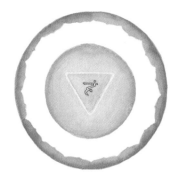

字源：Visha 的意思是「雜質」、「毒物」。Shuddhi 譯為「淨化」。

符號：24 瓣蓮花

元素：空

音符：sol

位置：咽喉

身體部位：頸部、氣管、顎、聲帶、肺的上半部、耳朵、手臂和手掌。

內分泌腺體：甲狀腺，此腺體位在頸部的底部，特別對情緒、體重和性別特徵有所影響。

感官功能：聽覺

行為特性：喉輪是溝通與創造能力的中樞。藉由談話與藝術，能提升自我表達能力。喉輪與聽覺有關，並且能引導我們聆聽內在的指引。如同它的字源所指出的，它在身體及精神層面都具有淨化功能。喉輪可以擴展我們的靈性，使我們在面對日常生活的問題時，能不執著。它也能使我們處在這巨大生命轉輪中時，呈現和諧共容性。

失衡症狀：甲狀腺功能減退、咽喉痛、頸部僵硬、喉炎、脊柱側彎、牙科和聽覺問題、害羞、內向、焦慮。

顏色：天空藍。它可使人感到平靜，獲得緊張舒緩後的安寧；可緩解咽喉的刺激和發炎；也能給予信任感，使人呈現更好的自我表達和溝通能力。

眉心輪　Ajna chakra

字源：Ajna 的意思是「指揮命令」。

符號：96 瓣蓮花

元素：無

音符：la

位置：額頭中間，兩眼之間的上方。

身體部位：眼睛、腦神經。

內分泌腺體：腦下垂體，此腺體位於大腦的下方，其產生的激素可刺激其他內分泌腺體。

感官功能：直覺力（第六感）和超感知能力。

行為特性：眉心輪是人類精神層次的第三眼。我們的雙眼看到的是物質世界，眉心輪看到的是超越此物質世界的精神體。第三眼的視野比雙眼更加精微化。眉心輪與洞察力、心靈感應、直覺力、夢想和想像力有關。當此脈輪完全活化時，腦部兩半球的大小腦可同步運作，創造力和邏輯能力可處於絕佳的平衡狀態。

失衡症狀：頭痛、鼻竇炎、眼睛疲勞、失明、學習障礙、作惡夢、恐慌、抑鬱、困惑、恐懼現實。

顏色：靛色。靛色有助於直覺力、專注力和意識的提升。

頂輪　*Sahasrara chakra*

字源：Sahasrara 的意思是「千」、「無限」。

符號：千瓣蓮花

元素：無

音符：si

位置：囟門，頭頂。

身體部位：大腦、腦神經。

內分泌腺體：松果體，它分泌的激素可以調節人體的生物機能。

感官功能：同理心

行為特性：頂輪是通往宇宙的橋樑，是一種精神的連接，透過它，即可朝向我們的最高層次意識。它常常被形容為蓮花的綻放。它可超越個人及身體層面的局限性。頂輪亦能引領唯物主義朝向超卓智慧。它是自我實現和使我們連結神性本質之所在。

失衡症狀：慢性疲勞、畏懼光和聲音、喪失認同感、缺乏利他精神、麻木不仁、物質主義。

顏色：紫色、白色和彩虹顏色。Sahasrara 的意思是「無限」，它涵蓋了所有的一切定義，因此也包含了所有顏色。紫色可使宇宙意識覺醒，並可打開所有精神面向。它可釋放無明帶來的恐懼，打破意識的局限，隨之而來的是寧靜。

督夏 DOSHAS

　　除了顏色會與脈輪產生相互作用外，味道和香料的影響也會反應在督夏上，所以烹調時就要特別留意食材的選擇。阿育吠陀的基礎理論是，宇宙的各種形式是由五大元素組成的，即空、火、風、水和地。這五大元素的各種不同型態，在相互結合下，造就出三種督夏：風能（Vata）、火能（Pitta）和水能（Kapha）。風能是空和風所組成的，火能是火和水所組成的，水能是水和地所組成的。督夏是掌管自然界所有過程需具有的共同基本能量。

風能（Vata）

火能（Pitta）

水能（Kapha）

五大元素

　　人體，地元素，宇宙整體以相同的能量在運作著，大到天體運行，小至玫瑰花的綻放。一切都是能量，只是示現在從最精微體到具體事物等不同形式上。

　　空元素是最精微的，存在於其他所有元素中。它是宇宙萬有的元素，包含外在和內在空間。為追求創造，空元素是永恆、無限、無遠弗屆，而其他四個元素必須處於平衡狀態。

　　空元素的「乙太能量」是看不見的狀態，它與風元素集結，再與火元素，形成可目視的上升能量，但最好別碰它。然後，火凝結成水，呈流動能量，為往下流的液體，是看得到和可碰觸的，但沒有特定的形體。最後是地元素，大地是穩

定的能量，呈固態和固定不動，自成一形體和結構。地元素是最具象的，也包含其他元素在內。

每一種元素與特定顏色的關連：

- 空是淡藍色。
- 火是紅色。
- 風是綠色。
- 水是深藍色。
- 地是黃色。

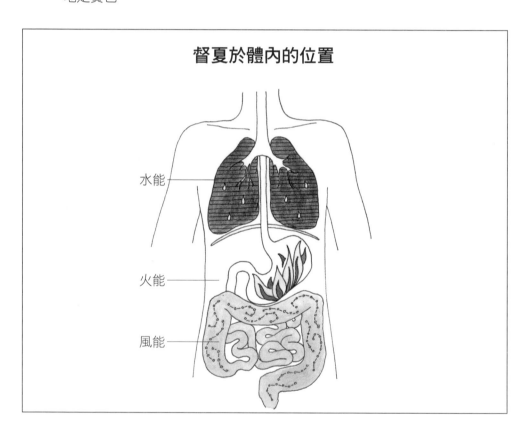

督夏於體內的位置

水能

火能

風能

督夏的特性

每一個督夏與身體各區域皆有相關，也與一個或數個脈輪有關連性；它與體型、個性、特定健康問題的發生，都具有相關性。特定顏色也可以增加或減少那些影響我們體質的督夏比例。

	風能	火能	水能
元素	空和風	火和水	水和地
脈輪	心輪（第四） 喉輪（第五）	太陽輪（第三）	海底輪（第一） 臍輪（第二）
特性	活動（如腸氣）	轉化（如膽汁）	平衡（如淋巴液）
特質	乾性、輕、冷、粗糙、敏銳、多變	油性、穿透力、熱、液體、酸	重、慢、冷、黏性、濃密、柔軟
性格	喜好變化和旅行，具好奇心、創造力、慷慨，想像力豐富，個性外向。	喜好藝術和挑戰，具激情、熱愛、熱誠、機靈。	責任心重，穩定，條理分明，具同情心、憐憫心。
身體區域	腸、結腸	胃部	肺部、喉部
功能	思考、言語、神經系統	視覺、消化、調節體溫	記憶力、專注力、睡眠
障礙	緊張、焦慮、關節炎、失眠、便祕、神經失調	胃灼熱、潰瘍、噁心、腹瀉、皮膚疹、憤怒、嫉妒	體重增加、嗜睡或睡眠過度、肺充血、哮喘、過敏
飲食習慣	食慾低，消化不佳。	食慾佳，消化良好。	嗜甜食，消化緩慢。
失衡原因	氣候寒冷乾燥，太苦或澀的食物。	熱量過高，太辛辣的食物。	睡眠過多，缺乏運動，過多大魚大肉。
顏色	藍	鮮紅	黃

每個人的體質

每個人都擁有三種督夏的混和，只是比例不同。因此，就像指紋，每個人也具有自己特定的體質，稱為「原質」（prakriti）。阿育吠陀醫生是利用早上空腹時把脈，來確認此人的基本體質。一共有七種主要的組合：

- 單一督夏類型（mono-doshique）：風型、火型或水型。
- 雙重督夏類型（duo-doshique）：風─火型、火─水型，或水─風型。
- 三重督夏類型（tri-doshique）：風─火─水型。

外在因素（氣候、季節）和內在（飲食、衛生保健、情緒等），都會干擾及破壞原質，甚至導致健康出現問題。這種失衡稱為「vikriti」。

味道

　　味道或風味，對阿育吠陀來說是極為重要的。對於督夏的平衡和保持良好的健康來說，具有重要角色。總共有六種味道。每種味道形成各自的督夏，並包含兩種元素。

甜味

　　甜味包含了水和地元素，主要對應的是水能特質。甜味是屬重和冷。在所有的味道中，它是最具營養的。它不僅滋養我們的血液和組織，還能讓我們與身體做好連結，能更懂得規畫和享受生活。它可以提升生育能力，但過多的甜食會使身體衰退而導致肥胖和糖尿病。

→ 全麥麵包，麵食和米飯，穀類和堅果，某些水果和蔬菜，如南瓜等。

酸味

　　酸味包含了水和火元素。食用酸味食物可提振食慾，增加唾液和胃液的分泌。有利於頭腦靈活，也可提升思想和情感的明辨力。然而，過度的酸性會刺激消化系統，可能造成疲勞痠痛、抽筋，或引起發炎症狀、血液方面的疾病，或降低生育力。

→ 乳製品（優格、凝乳、白乳酪、牛油、新鮮奶油），酸性水果（柑橘、草莓、李子、百香果），蔬菜（番茄、菠菜、甜菜、大黃、酸黃瓜），酒精（葡萄酒、啤酒）等。

鹹味

　　鹹味包含了地和火元素。它可提升人的安定感，亦可賦予強健的人體構造。鹽可提味。然而，食用過量則會毒害血液，引發皮膚相關疾病。白色精鹽缺乏天然礦物質，較會使體內的體液流動緩慢，而影響各個器官的整體運作。天然鹽含有豐富的礦物質，可做身體清潔之用，同時有益於腎上腺、甲狀腺、腎和前列腺。

→ 喜馬拉雅粉紅鹽、岩鹽、海鹽等。

辣味

　　辣味包含了火和風元素。它可促進消化，幫助燃燒體內毒素。辣味食物具有很強的治療功效，尤其在改善呼吸系統、專注力，和刺激大腦活動上。然而，過辣的食物可能會導致失眠、情緒不穩定、焦慮，或引起發炎症狀。

→ 香料、洋蔥、球芽甘藍、生薑、芥末等。

苦味

　　苦味包含了風和空元素。它是一種具有乾燥感的味道，可使人有活力，也具有淨化效果。特別要推薦給過度水型體質的人。苦味食物可促進新陳代謝和消化能力，也可協助心靈的淨化。過度苦澀有時會影響情緒，如怨恨和悲傷的加深。

→ 綠色蔬菜、喝茶等。

澀味

　　澀味包含了風和地元素。此味道的特殊之處，是它同時具有乾燥感和收縮性，與苦味很類似，對於過度水型體質的人具有非常正面的效果。它也具備淨化與滋補效果，展現在思想方面，則能集中及重新調整想法。澀味水果常常被做成清潔液，它也可以防止頭髮脫落，有利於皮膚再生和神經組織。

→ 黃瓜、芹菜、茄子、萵苣、蘑菇、水果（蘋果、酪梨、草莓、葡萄、梨）等。

調整督夏

　　只要善用味道，就能使督夏重新趨於平衡。搭配苦、辣和澀味，可使風能增強；搭配甜、酸和鹹味，則會減弱風能。搭配鹹、酸和辣味，可使火能增強；搭配苦、甜和澀味，則會減弱火能。搭配甜、鹹和苦，可使水能增強；搭配辣、苦和澀味，則會減弱水能。假如你的健康本來就是良好的，那麼阿育吠陀建議你在飲食中整合這六種味道。如此依循著大自然的能量來飲食，便可以將五大元素與我們的身體器官密切連結在一起。味道也能幫助我們保持良好的消化及吸收能力，並且滿足你的味蕾！

香料

以香料的分類來説，被用來做成調味料的各種芳香植物，大多來自異國，包括了穀物（茴香、芫荽、胡椒粉、蒔蘿、芥末籽）、樹皮（肉桂）、花（番紅花、丁香）、根類（薑）等。香料能為菜餚帶出香味和顏色，有時具備能殺死有害細菌的保存功效。根據阿育吠陀，我們的飲食應整合六種味覺（甜、酸、鹹、辣、苦、澀）。使用香料和香草是一種既能遵照此規則又兼顧美味的方式！

療癒功效

阿育吠陀建議，在用餐的前、中、後，皆可使用香料和香草（芫荽葉、薄荷葉等），它們能刺激消化系統。食用少量的香料能增強免疫系統，提高新陳代謝。當數量使用較多時，它們也被視為真材實料的藥材。

烹調和對督夏的影響

在阿育吠陀的醫學中，香料通常是經過烹調後才吃。新鮮香草則相反，會在菜餚上桌前的最後一道手續中添加。受到督夏的影響，每一種香料具有特定的屬性，舉例來説：

- 加強風能的香料：薑黃、黑胡椒粉、生薑、丁香和芫荽。濃烈香料對於風型體質的人而言，是有益的。
- 加強火能的香料：荳蔻、薑黃、薄荷、孜然籽。火型體質的人，食用香料應適度就好。
- 加強水能的香料：所有均可。

消化火

「消化火」或稱「阿格尼」(agni)，是協助我們維持平衡的基本要件。當我們的消化火強大時，它能衡量我們吃進體內的東西，只保留營養元素，並消除其餘的廢物。要留意的是，我們不僅要消化吃進體內的食物和飲料，也包含所感知的情緒和各種不同的感受。再者，如果我們的督夏也是平衡的，就會感覺充滿活力、滿足，也能好好地安排和進行我們的日常活動。

如果我們的消化火是薄弱的，就無法有效地處理養分供應。這會導致毒素的堆積，阿育吠陀稱此為「毒素」(ama)。這可能會阻礙我們在身體和心理方面的良好運作，並導致督夏失衡，也會伴隨疾病的產生。

以下提供保持強健阿格尼的一些建議：

- 避免冷飲，喝熱的草藥茶較好。
- 當你在進食時，只攝取極少量的酒類。
- 善用廚房裡現有的香料。
- 煮熟的食物是首選。如果你的食物是經由真的火而煮熟，內在的消化火就不必過度工作。
- 把你最豐盛的一餐定在午餐。身體的運作與大自然的節奏是同步的，你內在之火的高峰期與太陽是雷同的。
- 晚上吃輕食，就寢前 2 至 3 小時進食最佳。
- 當你進食時，為確保消化火不分散，請專心於食用的當下，因為需要用它消化來自各感官的東西。
- 要勤於運動，多投入身體層面的活動（如散步、游泳、瑜伽等）。
- 練習靜坐冥想。

大自然循環週期

　　你是否曾意識到，有時你的生活就像是一場無止盡的戰鬥？你是不是經常想要吃含糖食物或咖啡？好不容易結束了一天，你是否感到自己彷彿像一顆被榨乾的柳橙那般疲憊？你是否在醒來後，還沒起床就覺得疲累和充滿無力感？

　　雖然可能有幾種解釋，但會使你有這些感受的原因，或許是你沒有讓自己的生活與自然週期同步。就如同生活有其週期性，身體也有其規律性。根據阿育吠陀的說法，我們內部的生理時鐘，與自然週期有連帶關係。在自然界中，所有元素均遵從其週期性，只有人類是脫軌失序的，並承擔因此而產生的許多層面的後果。舉例來說，隨著我們在日常生活中大量地使用電子產品，或是受到工作及家庭的束縛，就很容易與自然週期失去同步性。

　　好消息是，即使我們與自然界的連結日益減少，但自然界深奧的智慧仍保存在我們身體的每一個細胞中。因為是同樣的生命力創造出了我們與自然界，並建構出如一的元素結構！

　　如何調整你的日常生活來因應大自然的規律性，以避免生病？這並非要你變得清心寡慾，也不是不能使用現代科技產品，而是要你重新尋找真理並充實地活著。你仍然可以繼續與朋友相約出去，但請早點回家吧。最好能喜歡茶更甚於馬丁尼，還有早點起床。醒來後，喝一杯微溫的有機檸檬汁，可確保你的一天有美好開始！

六個週期組成一天

　　每一天被分成兩個階段，各有 12 小時。白晝階段始於日出，結束於日落。夜間階段始於日落，於日出時結束。在冬季，夜間時段較長，夏季則相反。在這裡，我們是刻意用太陽於清晨 6:00 升起，並於晚上 18:00 日落為定律。每個階段被分成三個週期，每個週期會與特定的督夏有關連。

水能的畫間循環（水和地元素） 06:00~10:00

在白晝的第一個循環過程中，肌力和水能會自然增強。你的身體或許會有點緩慢或沉重，但心情上可以感受到平靜和祥和。在早上，消化火普遍來說是較弱的，尤其是你前一天的晚餐太晚吃的話。我們建議在這個時段內吃早餐，而且最好選擇輕食和易消化的食物。這個時段也是鍛鍊身體的最佳時刻，例如可做做瑜伽。在日出之際或日出前起床。過多的睡眠只會加重身體的疲勞與緊繃感。

火能的畫間循環（火和水元素） 10:00~14:00

第二個循環過程，則是在太陽位於天頂的最高位置時。此時的消化火來到最高效率。因此，這是飽餐一頓的最佳時光喔！有研究指出，午餐是一天當中最重要的一餐，而且較早進食也有利於減重。為了配合火能的畫間循環，在輕鬆自在地用完餐後，可以進行 10 至 15 分鐘的散步。

風能的畫間循環（空和風元素） 14:00~18:00

此為畫間的最後一個循環週期，由風能主導，為腦神經系統最活躍的時段。

在中午飽餐一頓，可為大腦儲備足夠的燃料，讓腦部全力以赴地運作喔！反之，如果你不吃午餐或吃得很少，很可能會使你的腦部因無法攝取到足夠的能量，而處於為難狀態，血糖也不穩定。這樣可能會使你在下午時突然想吃糖果、薯片或咖啡，或有時感到情緒起伏不定。在此週期的最後時刻，即 17:00 至 18:00 之間，是與大自然最同調的平靜時刻。假使你在白天的這個時刻去觀察湖面，會驚奇地發現水面是如此地寧靜。這是靜坐冥想的大好時機，養成每天進行 20 分鐘的習慣，是很理想的！

水能的夜間循環（水和地元素） 18:00~22:00

夜間階段是始於水能循環。此時，提供人體能量的激素，如皮質醇和腎上腺素，正在降低。這個時段的新陳代謝會變得緩慢，以便準備進入睡眠。消化火在日落後會明顯地變弱，所以在這個時段用餐，建議採取輕食。假如進食過於豐盛而無法好好地消化，恐怕會造成體重的增加。

你可以在 18:00 至 19:00 之間鍛鍊身體，但別運動過度而擾亂了後續的睡眠。盡可能安排自己於晚上 10:30 前就寢。睡覺前，你可以先靜坐冥想或閱讀，使自己進入純然放空的狀態，細細品味這一刻，並自然地迎接睡眠的到來。

火能的夜間循環（火和水元素） 22:00~02:00

在這個週期中，肝臟進行著解毒的過程。這就是為什麼別在深夜干擾它或吃消夜，是很重要的。消化工作應該在 22:00 前告一段落。當然，你可以偶爾不按牌理出牌，但如果週期不斷被打亂，肝臟有可能會被阻塞而造成毒素堆積在體內。

風能的夜間循環（空和風元素） 02:00~06:00

來到了一天中最平靜的時刻！如果你已有早早就寢的習慣，且沒受長期疲勞之苦，你不需要鬧鐘，就可以在日出前自然清醒。你的身體也不需要多餘的休息。藉此機會練習瑜伽、呼吸法或靜坐冥想吧！

為什麼是108道脈輪湯品？

數字 108 在不同文化與信仰中具多重內涵。列舉如下：

108 是：

- 荷馬的史詩《奧德賽》（'Odyssée'）中追求佩內洛普（Pénélope）的人數。

- 《可蘭經》中最主要章節的數量。

- 日本在祭祀戰爭犧牲者的儀式中，點燃火把的數量。

- 中國占星術紫微斗數的星數。

- 占星術中，九大行星乘以黃道十二宮的數目。

- 人體能忍受的最高極限溫度（華氏）。

- 數學理論中，迪達拿契數列（Tetranacci Number）之一的數字。

  （每個數字是它前面四者的總和）。

- 手印法數量（見於印度教徒和佛教徒的手勢，欲表達一種態度或心靈意象）。

- 是佛法中邁向開悟之道需克服的煩惱總數。

- 奧義書的部數（印度哲學的神聖吠陀經典）。

- 瑪爾瑪（marmas，阿育吠陀按摩法中身體的重要位點）的數量。

- 濕婆神不同稱號的數量。

- 佛教徒持的念珠顆數。

酥油（黃奶油）

這是什麼？

根據阿育吠陀的方法，正統的酥油是透過慢條斯理地熬煮奶油而取得。在烹調過程中，水分、乳糖和牛奶中的蛋白質都要濾掉。最後剩下的，基本上是不帶任何牛奶殘渣的純食用油。酥油不需要冷藏，就可以保存幾個月甚至幾年，這也是為什麼它從古至今仍深受大眾的愛用。酥油會依據外在環境溫度而改變它的固體狀態。

數種優點（還有更多！）

- 酥油對烹飪來說是最佳的油脂。阿育吠陀認為酥油就猶如拉撒雅納（rasayana）[1]，是可賦予青春和延年益壽的食品。
- 酥油比其他任何植物油更容易消化，也適用於有乳糖不耐症的人。
- 酥油不會腐敗變味，也不會氧化，在細胞中不會形成自由基。
- 酥油可淨化和消毒，能吸收並去除毒素。
- 酥油可加強免疫系統。
- 酥油可增強記憶力，其所提供的油脂類可幫助細胞修復。
- 酥油含有維生素 A、B3、D、E 和 K，以及各種礦物質（鈉、鈣、磷、鎂和鐵）。
- 在外用上，酥油可用於滋潤乾燥的皮膚。
- 入睡前用酥油做腳部按摩，有助於睡眠及緩和神經質。
- 它可冷卻火能、平穩風能和提升水能（參見 P.31）。

在家自製酥油

在大平底鍋中放入 500 公克的奶油，以小火煮約 15 至 20 分鐘，讓它慢慢融化。接著，持續用木勺攪拌，並舀去表面的白色泡沫。繼續攪拌，直到鍋底出現了小小的褐色結晶體，就可以關火。以網子細密的篩子過濾後，倒入密閉容器中保存。

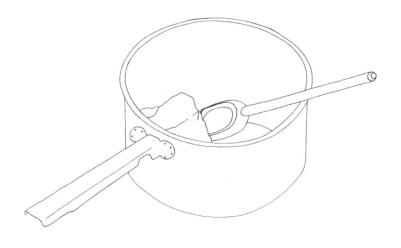

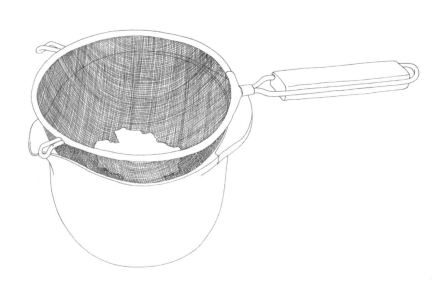

1. 拉撒雅納：延緩身體老化的老年學，阿育吠陀醫學的八大分支之一。

烹調前的建議

確認每種食材的**用量**。可依照每個人的烹調喜好及需求調整。

★ 依照食用人數來確認**水量**和湯的濃稠度：

- 1公升＝ 4 人份。
- ¾ 公升＝ 3 人份。
- ½ 公升＝ 2 人份。

★ 你可以先把湯放在冰箱**冰**一天。

★ 不要一次就把湯全部**加熱**，只加熱要食用的份量即可。

★ 最好使用**過濾水**。

★ 建議讓**湯品靜置**幾小時，這麼做可以使食材的味道相互融合，而形成它真正的風味。例如，你可以在早上或下午煮好湯，晚上再食用。

★ 如何去除**新鮮薑黃**卡在餐具和皮膚上的黃色色素呢？用檸檬，非常好用喔！也可以戴上乳膠手套來處理。

★ 如果沒有找到馬撒拉（masala）綜合香料湯塊，可以用蔬菜濃縮湯塊，再加上馬撒拉綜合香料粉來取代。

★ 要煮**扁豆**前，一定要先沖洗乾淨。

★ 辣椒和香茅只是用來增加湯品的風味，所以我都會在煮好湯後，把它們取出來扔掉。

★ **乾燥綠扁豆**很容易使湯變得濃稠，所以需要用更多的水來烹煮。如果有時間，可以事先浸泡，以縮減烹調的時間。

★ **番茄**應該要去掉外面那層皮。也要記得挖除裡面的籽，以降低酸度。

★ 建議可將日本南瓜先用烤箱烤 30 分鐘，就會比較好切。用剩的部分可以用來做沙拉，或用平底鍋加熱炒香（放入 1 瓣大蒜、橄欖油 2 大匙、粉紅色喜馬拉雅鹽和胡椒）。

★ 用過濾水浸泡**鷹嘴豆**和**豆類** 24 小時，然後再放入平底鍋中煮，加入 2 大匙橄欖油、1 大瓣切成對半的大蒜、幾片月桂葉和水。用剩的部分可以用來做沙拉，配上黃瓜和酪梨（我最喜歡的變化！）

★ 煮**玉米**時，在煮開的滾水加入一些粉紅色喜馬拉雅鹽，就足夠了。你可以用剩餘的玉米粒加黃玉米粉（編按：非玉米澱粉），製作出不含麩質的優質麵包。

如何選擇你的湯品？

當你的感官和情感被喚醒及經過調教後，你可以輕而易舉地知道自己需要哪種湯。在某些情況下，你可以即時感受到某些食材是具有療癒功效的。有些湯品適合在下雨天或大熱天，或心情很糟，或談情說愛的時候品嚐，這要由你去發掘符合自己的想望和心情的湯品！

為何晚上喝湯是好的？

我建議把脈輪能量湯當成「流質晚餐」來食用。事實上，要擁有優質的睡眠，有助於深層睡眠與恢復元氣，必須在消化良好的情況下才有可能。這需要均衡兼顧到輕食和營養。

假如你的睡眠良好，就會早起，體內的「電池」是飽足的，也準備好要迎接一天的來臨。有人說，早起的人擁有更充裕的時間，可讓自己或與你共同生活的人，享有美好的時光。用一句深奧的佛經語句，來做為一天的開始：「愛你自己！」

基本食材

除了新鮮蔬菜，這裡有一份簡單的廚房用品列表，是在動手製作脈輪能量湯前，需準備的基本食材。

穀物和豆類

- 莧籽

  屬南美洲植物，它類似穀物，但沒有麩質，含有豐富的鐵、蛋白質、鎂和鈣。你可以在超市、大賣場或有機食品商店找到。

  - 乾燥綠扁豆

    重點是要挑綠色且沒發芽的種子。由於含有豐富蛋白質且易於消化，而被普及應用。你可以在雜糧店、有機食品商店找到。

  - 紅豆

  - 紅扁豆

    可以在雜糧店、有機食品商店找到。

- 黃扁豆

  可以在雜糧店、有機食品商店找到。

- 大麥
- 羅望子醬

  這是由羅望子樹果實的果肉製成的，常被用於印度料理，是取得鉀、鎂和鐵的優質來源。你可以在東南亞食材超市買到。

- 已去皮分裂的乾燥豌豆
- 藜麥
- 小麥粉

濃縮湯塊

- 蔬菜濃縮湯塊
- 綜合馬撒拉香料湯塊（是蔬菜混合多種香料熬製的濃縮湯塊）。

油品

- 酥油

  如果可能的話，請在家自製（參見 p.42）。

- 冷萃初榨橄欖油
- 菜籽油或有機玉米油

香料

- 阿魏（Asafoetida）粉
  原產於印度的植物，萃取其樹脂並加以乾燥。阿魏帶有濃郁的大蒜和洋蔥味道，但會隨著烹調而消失。它可刺激食慾，被視為有助於消化。你可以在印度香料專賣店找到。
- 新鮮薑黃和薑黃粉
- 馬德拉斯（madras）咖哩粉
- 一般的咖哩粉
- 新鮮的薑
- 芫荽籽
- 孜然籽（小茴香籽）
- 葫蘆巴籽
- 黑芥末籽
- 柯爾瑪（korma）綜合香料粉
  可於印度香料專賣店買到這種調好的綜合香料粉。
- 山巴（sambar）
  可於印度香料專賣店找到。
- 紅辣椒粉，或乾燥紅辣椒。
- 厚實的青辣椒（墨西哥辣椒）
- 胡椒粉
- 北非綜合香料粉（Ras-el-hanout）
  可用於烹調北非小米庫斯庫斯（couscous）的綜合香料粉。有黃色或紅色，可到香料專賣店找這種已調好的香料粉。

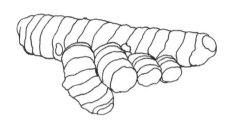

香草

- 羅勒
- 細香蔥
- 香茅

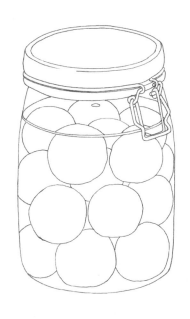

- 芫荽
- 新鮮或乾燥的咖哩葉
  它本身的香味就直接讓人聯想到咖哩，
  因此被命名為咖哩葉。
- 月桂
- 荷蘭芹
- 百里香

其他

- 新鮮乳酪球
  瓶裝的新鮮乳酪球存放於橄欖油中。乳
  酪球為放置於室溫下約 12 小時的天然
  優格，經瀝乾後的成品。
- 菲達乳酪
- 椰奶
- 帕馬森乾乳酪
- 日本南瓜
  南瓜品種，表皮有清楚的深綠色條紋。
- 煙燻豆腐
- 一般豆腐
- 豆腐泥（tofu spread）
  豆腐泥塗抹於麵包上，吃法類似英式或美式的奶油起司。

食譜

1

海底輪

紅色使我們貼近地球核心，火的所在，其火焰持
續在最深處加熱著。這是源自最底層深處的能量，
是原始的生命力，是生命的起源。

看看紅辣椒，熟透的紅番茄，或是外皮像腐植土
的甜菜，聞起來仍散發著生命力呢！

腳踏實地 | LES PIEDS SUR TERRE / GROUNDED
莧籽紅甜菜微辣湯

 4人份　　 準備時間：10分鐘　　 烹調時間：20~30分鐘

食材

1 顆洋蔥
1 瓣大蒜（切碎或切成薄片）
3 大匙橄欖油
2 條櫛瓜
1 顆紅甜菜根
1 小條紅辣椒
100 公克莧籽
1 片生薑（厚約 4 公分）

1 片薑黃（厚約 4 公分）
1 塊蔬菜濃縮湯塊
1 塊馬撒拉綜合香料湯塊
2 小匙黃色北非綜合香料粉
½ 小匙阿魏粉
半把芫荽
半把荷蘭芹

作法

★ 平底鍋裡放入兩大匙油，再將切成片的洋蔥和蒜末，炒至金黃色。

★ 洗淨所有蔬菜，需要去皮的蔬菜先削好。將蔬菜切成塊狀。

★ 將所有蔬菜、湯塊和 1 公升過濾水，放入平底鍋中，再加入莧籽。攪拌後，再加入已切碎的新鮮生薑和薑黃、北非綜合香料粉和阿魏粉。無需添加鹽，湯塊中的含鹽量已足夠！

★ 等湯煮滾後，轉小火繼續煮 20 至 30 分鐘，偶爾攪拌一下。

★ 待蔬菜湯稍涼後，用手持式電動攪拌棒將湯中食材稍微打碎，保留一些蔬菜塊。將湯靜置數小時。

★ 食用前重新加熱，再撒上一些荷蘭芹、芫荽和 1 大匙橄欖油。

回歸生命根源 | RETOUR AUX RACINES DE LA VIE / DOWN TO THE ROOT LIFE
紅甜菜紅蘿蔔咖哩濃湯

 4人份　　 準備時間：10~15分鐘　　 烹調時間：25分鐘

食材

1 顆洋蔥
1 瓣大蒜（切碎或切成薄片）
3 大匙橄欖油
1 顆紅甜菜根
1 條紅蘿蔔
1 條櫛瓜
半顆白花椰
1 片生薑（厚約 4 公分）

1 片薑黃（厚約 4 公分）
半把芫荽
½ 小匙阿魏粉
1 塊蔬菜濃縮湯塊
數片新鮮或乾燥的咖哩葉
3 小匙咖哩粉
數塊菲達乳酪

作法

★ 平底鍋裡放入油，再將切成片的洋蔥和蒜末，炒至金黃色。

★ 洗淨所有蔬菜，需要去皮的蔬菜先削好。將蔬菜切成塊狀。

★ 將所有蔬菜、湯塊和 1 公升過濾水，放入平底鍋中。攪拌後，再加入已切碎的新鮮生薑和薑黃、咖哩粉和阿魏粉。無需添加鹽，湯塊中的含鹽量已足夠！

★ 等湯煮滾後，轉小火繼續煮 25 分鐘，偶爾攪拌一下。熬煮完成前 10 分鐘，加入芫荽。

★ 待蔬菜湯稍涼後，用手持式電動攪拌棒將湯打成泥狀。將湯靜置數小時。

★ 食用前重新加熱，再撒上小碎塊的菲達乳酪。

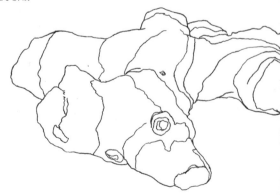

母性 | MATERNITÉ / MOTHERHOOD
紅蘿蔔綠扁豆香料湯

 4人份　　 準備時間：10分鐘　　烹調時間：40分鐘

食材

1 顆洋蔥
1 瓣大蒜（切碎或切成薄片）
3 大匙橄欖油
½ 大匙酥油
半顆紅甜菜根
2 條紅蘿蔔
1 條櫛瓜
半顆紅甜椒
150 公克乾燥綠扁豆
½ 小匙阿魏粉
2 塊馬撒拉綜合香料湯塊
數片新鮮或乾燥的咖哩葉
1 小匙孜然籽
3 小匙黃色北非綜合香料粉

作法

★ 在平底鍋裡放入橄欖油和酥油，再將切成片的洋蔥和蒜末，炒至金黃色。

★ 洗淨所有蔬菜，需要去皮的蔬菜先削好。將蔬菜切成塊狀。

★ 將所有蔬菜、馬撒拉綜合香料湯塊、綠扁豆和 1 公升過濾水，放入平底鍋中。攪拌後，再加入北非綜合香料粉和阿魏粉。無需添加鹽，湯塊中的含鹽量已足夠！

★ 等湯煮滾後，轉小火繼續煮 40 分鐘，偶爾攪拌一下。

★ 待蔬菜湯稍涼後，用手持式電動攪拌棒將湯中食材稍微打碎，保留一些蔬菜塊。將湯靜置數小時。

★ 食用前重新加熱。

內在自由 | LIBRE À L'INTÉRIEUR / FREE WITHIN
圓櫛瓜大麥微辣湯

 3人份　　 準備時間：10分鐘　　 烹調時間：30分鐘

食材

1 顆紅洋蔥
1 瓣大蒜（切碎或切成薄片）
3 大匙橄欖油
1 大顆牛番茄
3 顆圓櫛瓜
半顆紅甜菜根
100 公克大麥
½ 小匙阿魏粉
1 塊蔬菜濃縮湯塊
1 小撮胡椒粉
1 小撮紅辣椒粉

作法

★ 在平底鍋裡放入橄欖油，再將切成片的洋蔥和蒜末，炒至金黃色。

★ 洗淨所有蔬菜，需要去皮的蔬菜先削好。將蔬菜切成塊狀。

★ 將所有蔬菜、湯塊和 750 毫升過濾水，加到平底鍋中。攪拌後，再加入大麥、胡椒粉、紅辣椒粉和阿魏粉。無需添加鹽，湯塊中的含鹽量已足夠！

★ 等湯煮滾後，轉小火繼續煮 30 分鐘，偶爾攪拌一下。將湯靜置數小時。

★ 食用前重新加熱。

放手吧 | LÂCHER-PRISE / LET GO
青蔥紅豆辣椰奶湯

 3人份　　 準備時間：10分鐘　　 烹調時間：15分鐘

食材

3 根帶長莖的青蔥
1 大匙酥油
300 公克煮熟的紅豆
2 條厚實的青辣椒（墨西哥辣椒）
1 片生薑（厚約 4 公分）
1 片薑黃（厚約 4 公分）
半把芫荽
½ 小匙阿魏粉
1 塊蔬菜濃縮湯塊
2 根香茅
250 毫升椰奶

作法

★ 在平底鍋裡放入酥油，再將切成段的青蔥炒至金黃色。

★ 將青辣椒洗淨並切成塊狀。

★ 將青辣椒、紅豆和湯塊放入平底鍋中，再加入 750 毫升過濾水。攪拌後，加入
　磨好的生薑泥和薑黃泥、香茅和阿魏粉。無需添加鹽，湯塊中的含鹽量已足夠！

★ 等湯煮滾後，轉小火繼續煮 15 分鐘，偶爾攪拌一下。熬煮完成前 10 分鐘，加
　入芫荽、少許熟紅豆粒和椰奶。取出香茅扔掉。將湯靜置數小時。

★ 食用前重新加熱。

自信 | CONFIANCE / CONFIDENCE
紅豆菠菜微辣湯

 3人份　　 準備時間：10~15分鐘　　 烹調時間：20分鐘

食材

1 顆紅洋蔥
1 瓣大蒜（切碎或切成薄片）
½ 大匙酥油
300 公克煮熟的紅豆
300 公克菠菜
1 根芹菜莖
1 片生薑（厚約 4 公分）
½ 小匙阿魏粉
1 塊蔬菜濃縮湯塊
1 小撮胡椒粉
1 小撮紅辣椒粉
數塊菲達乳酪

作法

★ 在平底鍋裡放入橄欖油和酥油，再將切成片的洋蔥和蒜末，炒至金黃色。

★ 用水沖洗菠菜。從芹菜的根部起，切下約 15 公分長、最嫩的莖部；剩餘的部分留下來烹煮其他菜餚。將芹菜切成段。

★ 將所有蔬菜、紅豆和湯塊放入平底鍋中，再加入 750 毫升過濾水。攪拌後，加入磨好的生薑泥、胡椒粉、紅辣椒和阿魏粉。無需添加鹽，湯塊中的含鹽量已足夠！

★ 等湯煮滾後，轉小火繼續煮 20 分鐘，偶爾攪拌一下。

★ 將湯靜置數小時。

★ 食用前重新加熱，並放入數塊菲達乳酪。

第一次 | PREMIÈRE FOIS / FIRST TIME
綠扁豆紅甜菜濃湯

 3人份　　 準備時間：10分鐘　　 烹調時間：40分鐘

食材

1 顆洋蔥
1 大匙酥油
3 大匙橄欖油
150 公克乾燥綠扁豆
2 顆紅甜菜根
1 片生薑（厚約 4 公分）
1 片薑黃（厚約 4 公分）
½ 小匙阿魏粉
1 塊蔬菜濃縮湯塊
3 小匙柯爾瑪綜合香料粉
用醋或蘋果酒浸泡的刺山柑

作法

★ 在平底鍋裡放入橄欖油和酥油，再將切成片的洋蔥炒至金黃色。

★ 將紅甜菜根洗淨、削去外皮，並切成塊狀。

★ 將紅甜菜根和湯塊放入平底鍋中，再加入 1 公升過濾水，並放入綠扁豆。攪拌後，加入磨好的生薑泥和薑黃泥，以及柯爾瑪綜合香料粉、阿魏粉。無需添加鹽，湯塊中的含鹽量已足夠！

★ 等湯煮滾後，轉小火繼續煮 40 分鐘，偶爾攪拌一下。

★ 待蔬菜湯稍涼後，用手持式電動攪拌棒將湯打成泥狀。將湯靜置數小時。

★ 食用前重新加熱，盛盤時添加一小匙刺山柑，或依照個人口味可再加多一些。

初始 | COMMENCEMENT / BEGINNING
白蘿蔔甜菜咖哩濃湯

 3人份　 準備時間：10分鐘　 烹調時間：30分鐘

食材

1 顆洋蔥	4 條白蘿蔔
½ 大匙酥油	1 片生薑（厚約 4 公分）
3 大匙橄欖油	1 片薑黃（厚約 4 公分）
1 小匙孜然籽	½ 小匙阿魏粉
1 小匙芫荽籽	1 小匙綠色泰式咖哩醬
2 顆紅甜菜根	1 塊蔬菜濃縮湯塊
2 顆白甜菜根	半把芫荽
1 小塊白花椰菜	數片新鮮或乾燥的咖哩葉

作法

★ 在平底鍋裡放入橄欖油和酥油，再放入切成片的洋蔥和香料籽，炒至金黃色。

★ 洗淨所有蔬菜，需要去皮的蔬菜先削好。將蔬菜切成塊狀。

★ 將所有蔬菜、湯塊和 750 毫升過濾水，放入平底鍋中。攪拌後，加入磨好的生薑泥和薑黃泥、咖哩葉、綠色咖哩醬和阿魏粉。無需添加鹽，湯塊中的含鹽量已足夠！

★ 等湯煮滾後，轉小火繼續煮 30 分鐘，偶爾攪拌一下。熬煮完成前 5 分鐘，加入芫荽。

★ 用手持式電動攪拌棒將湯打成泥狀。將湯靜置數小時。

★ 食用前重新加熱。

新的開始
紫甘藍鷹嘴豆香料湯

 2人份　　 準備時間：10分鐘　　 烹調時間：20分鐘

食材

1 顆洋蔥
半大匙酥油
2 大匙橄欖油
1 小匙黑芥末籽
1 小匙孜然籽
200 公克熟鷹嘴豆
1 顆茴香根

1 小顆紫甘藍
1 片生薑（厚約 4 公分）
1 片薑黃（厚約 4 公分）
½ 小匙阿魏粉
1 塊蔬菜濃縮湯塊
3 小匙咖哩粉
半把芫荽

作法

★ 在平底鍋裡放入橄欖油和酥油，再放入切成片的洋蔥和香料籽，炒至金黃色。

★ 洗淨所有蔬菜，需要去皮的蔬菜先削好。將蔬菜切成塊狀。

★ 將所有蔬菜、湯塊和 500 毫升過濾水，放入平底鍋中。攪拌後，加入磨好的生薑泥和薑黃泥、咖哩粉和阿魏粉。無需添加鹽，湯塊中的含鹽量已足夠！

★ 等湯煮滾後，轉小火繼續煮 20 分鐘，偶爾攪拌一下。

★ 烹調結束前 5 分鐘，放入 100 公克的鷹嘴豆，用手持式電動攪拌棒攪拌一下。將湯靜置數小時。

★ 食用前重新加熱，再放上芫荽和剩餘的鷹嘴豆。

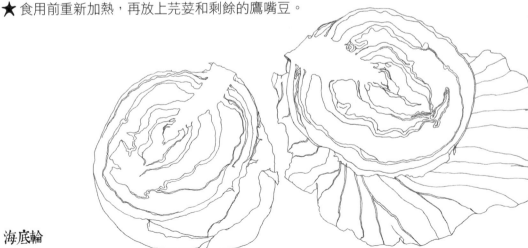

期望 | PENSÉE D'ESPOIR / WISHFUL THINKING
綠扁豆地瓜湯

 3人份　　 準備時間：10分鐘　　 烹調時間：40~50分鐘

食材

1 顆洋蔥

½ 大匙酥油

130 公克乾燥綠扁豆

1 顆紅甜椒

1 顆地瓜

1 片生薑（厚約 4 公分）

1 片薑黃（厚約 4 公分）

½ 小匙阿魏粉

2 塊蔬菜濃縮湯塊

1 小匙羅望子醬

1 根香茅

半把芫荽

作法

★ 在平底鍋裡放入酥油，再將切成片的洋蔥炒至金黃色。

★ 洗淨所有蔬菜，需要去皮的蔬菜先削好。將蔬菜切成塊狀。

★ 將所有蔬菜、湯塊和 750 毫升過濾水放到平底鍋中，再放入乾燥綠扁豆。攪拌後，加入磨好的生薑泥和薑黃泥、香茅、羅望子醬和阿魏粉。無需添加鹽，湯塊中的含鹽量已足夠！

★ 等湯煮滾後，轉小火繼續煮 40 至 50 分鐘，偶爾攪拌一下。熬煮完成前 5 分鐘，加入芫荽，並取出香茅。

★ 待蔬菜湯稍涼後，用手持式電動攪拌棒將湯中食材稍微打碎，保留一些蔬菜塊。將湯靜置數小時。

★ 食用前重新加熱，再撒點芫荽。

真正的綜合蔬菜湯

UNE VRAIE SOUPE DE LÉGUMES / REALLY A MIX VEGGIES SOUP

 4人份　　 準備時間：10~15分鐘　　 烹調時間：25分鐘

食材

1 顆洋蔥

3 瓣大蒜（切碎或切成薄片）

½ 大匙酥油

1 小匙黑芥末籽

1 小匙孜然籽

1 小匙芫荽籽

1 小匙葫蘆巴籽

2 小條櫛瓜

5 小條紅蘿蔔

1 顆紅甜椒

200 公克新鮮豌豆

1 小顆紅甜菜根

1 片生薑（厚約 4 公分）

1 片薑黃（厚約 4 公分）

½ 小匙阿魏粉

2 塊蔬菜濃縮湯塊

1 小匙薑黃粉

數片新鮮或乾燥的咖哩葉

1 小匙羅望子醬

1 根香茅

半把芫荽

作法

★ 在平底鍋裡放入香料籽和酥油，再放入切成片的洋蔥和蒜末，炒至金黃色。

★ 洗淨所有蔬菜，需要去皮的蔬菜先削好。將蔬菜切成塊狀。

★ 將所有蔬菜、湯塊和 1 公升過濾水，放入平底鍋中，再加入薑黃粉。攪拌後，加入磨好的生薑泥和薑黃泥、羅望子醬、香茅、咖哩葉和阿魏粉。無需添加鹽，湯塊中的含鹽量已足夠！

★ 等湯煮滾後，轉小火繼續煮 25 分鐘，偶爾攪拌一下。熬煮完成前 5 分鐘，加入芫荽，並取出香茅。

★ 待蔬菜湯稍涼後，用手持式電動攪拌棒將湯中食材稍微打碎，保留一些蔬菜塊。將湯靜置數小時。

★ 食用前重新加熱。

無垠之愛 | AMOUR HORS-DU-TEMPS / TIMELESS LOVE
青花菜紫甘藍椰奶濃湯

 3人份　　 準備時間：10分鐘　　 烹調時間：25分鐘

食材

1 顆洋蔥
1 瓣大蒜（切碎或切成薄片）
½ 大匙酥油
1 小匙黑芥末籽
1 小匙孜然籽
1 小匙芫荽籽
1 小匙葫蘆巴籽
1 顆青花菜

半顆紫甘藍（小）
1 片生薑（厚約 4 公分）
1 片薑黃（厚約 4 公分）
½ 小匙阿魏粉
1 塊蔬菜濃縮湯塊
200 毫升椰奶
1 小匙綠色泰式咖哩醬

作法

★ 在平底鍋裡放入香料籽和酥油，再將切成片的洋蔥和蒜末，炒至金黃色。

★ 洗淨所有蔬菜，需要去皮的蔬菜先削好。將蔬菜切成塊狀。

★ 將所有蔬菜、湯塊和 750 毫升過濾水，放入平底鍋中。攪拌後，加入磨好的生薑泥和薑黃泥、咖哩醬和阿魏粉。無需添加鹽，湯塊中的含鹽量已足夠！

★ 等湯煮滾後，轉小火繼續煮 25 分鐘，偶爾攪拌一下。熬煮完成前 10 分鐘，加入椰奶。

★ 待蔬菜湯稍涼後，用手持式電動攪拌棒將湯打成泥狀。將湯靜置數小時。

★ 食用前重新加熱。

所剩何物 CE QU'IL RESTE / WHAT IS LEFT
綠扁豆南瓜咖哩湯

 4人份　　 準備時間：10分鐘　　 烹調時間：40~50分鐘

食材

1 顆洋蔥
1 大匙酥油
1 小匙黑芥末籽
1 小匙孜然籽
1 小匙芫荽籽
1 小匙葫蘆巴籽
170 公克乾燥綠扁豆
半條煮熟的日本南瓜

2 條長形紅甜椒
1 片生薑（厚約 4 公分）
1 片薑黃（厚約 4 公分）
½ 小匙阿魏粉
1 塊蔬菜濃縮湯塊
3 小匙馬德拉斯咖哩粉
數片新鮮或乾燥的咖哩葉

作法

★ 在平底鍋裡放入香料籽和酥油，再將切成片的洋蔥炒至金黃色。

★ 洗淨所有蔬菜，需要去皮的蔬菜先削好。將蔬菜切成塊狀。

★ 將所有蔬菜、湯塊和 1 公升過濾水，放入平底鍋中，再加入乾燥綠扁豆。攪拌後，加入磨好的生薑泥和薑黃泥，一邊攪拌，一邊放入馬德拉斯咖哩粉、咖哩葉和阿魏粉。無需添加鹽，湯塊中的含鹽量已足夠！

★ 等湯煮滾後，轉小火繼續煮 20 分鐘，偶爾攪拌一下。

★ 待蔬菜湯稍涼後，用手持式電動攪拌棒將湯中食材稍微打碎，保留一些蔬菜塊。將湯靜置數小時。

★ 食用前重新加熱。

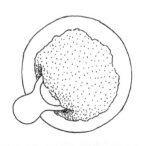

大地 TERRE / EARTH
紅蘿蔔黃扁豆咖哩湯

 4人份　　準備時間：10~15分鐘　　烹調時間：25~30分鐘

食材

1 顆洋蔥
1 瓣大蒜（切碎或切成薄片）
3 大匙自選的有機植物油
1 大匙橄欖油
1 條櫛瓜
3 條紅蘿蔔
半顆紅甜椒
1 大塊胡桃南瓜

150 公克黃扁豆
數片新鮮或乾燥的咖哩葉
1 小匙咖哩粉
½ 小匙阿魏粉
1 片生薑（厚約 4 公分）
1 片薑黃（厚約 4 公分）
1 塊蔬菜濃縮湯塊
半把芫荽

作法

★ 在平底鍋裡放入 3 大匙的油，再將切成片的洋蔥和蒜末，炒至金黃色。

★ 洗淨所有蔬菜，需要去皮的蔬菜先削好。將蔬菜切成塊狀。

★ 將所有蔬菜、湯塊和 1 公升過濾水，放入平底鍋中，再加入黃扁豆。攪拌後，加入磨好的生薑泥和薑黃泥、咖哩粉和阿魏粉。無需添加鹽，湯塊中的含鹽量已足夠！

★ 等湯煮滾後，轉小火繼續煮 30 分鐘，偶爾攪拌一下。熬煮完成前 10 分鐘，加入芫荽。

★ 加入 1 大匙橄欖油後，攪拌均勻。待蔬菜湯稍涼後，再用手持式電動攪拌棒將湯中食材稍微打碎，保留一些蔬菜塊。將湯靜置數小時。

★ 食用前重新加熱。

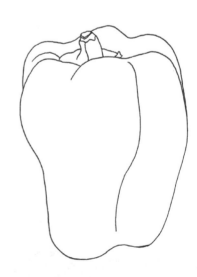

完整 INTÉGRITÉ / WHOLENESS
紅蘿蔔藜麥香料湯

 3~4人份　　 準備時間：10分鐘　　 烹調時間：25分鐘

食材

1 顆洋蔥

1 瓣大蒜（切碎或切成薄片）

1 大匙黑芥末籽

3 大匙自選的有機植物油

1 條櫛瓜

1 大條紅蘿蔔

1 小顆黃甜椒

¼ 顆紫甘藍

半顆大地瓜

100 公克綜合藜麥或純藜麥

1 小匙北非綜合香料粉

½ 小匙阿魏粉

1 片生薑（厚約 4 公分）

1 片薑黃（厚約 4 公分）

1.5 塊蔬菜濃縮湯塊

2 大匙橄欖油

數顆乳酪球

作法

★ 在平底鍋裡放入油，再將切成片的洋蔥、蒜末和黑芥末籽，炒至金黃色。

★ 洗淨所有蔬菜，需要去皮的蔬菜先削好。將蔬菜切成塊狀。

★ 將所有蔬菜、湯塊，和 750 至 1000 毫升過濾水，放入平底鍋中，再加入藜麥。
攪拌後，加入磨好的生薑泥和薑黃泥，在攪拌的同時放入北非綜合香料粉，接
著加入阿魏粉。無需添加鹽，湯塊中的含鹽量已足夠！

★ 等湯煮滾後，轉小火繼續煮 20 至 30 分鐘，偶爾攪拌一下。加入 2 大匙橄欖油
後，攪拌均勻。待蔬菜湯稍涼，用手持式電動攪拌棒將湯中食材稍微打碎，保
留一些蔬菜塊。將湯靜置數小時。

★ 食用前重新加熱，再放上乳酪球。

वं

2

臍 輪

橙色，這夕陽的顏色令人百看不厭。它如
此令人著迷，並喚醒了我們的所有感官和
浪漫主義情懷。

南瓜、日本南瓜、紅蘿蔔……好好感受它
們的魔力吧！

地中海 | MÉDITERRANÉEN / MEDITERRANEO

櫛瓜鷹嘴豆藜麥湯

 4人份　　準備時間：10分鐘　　烹調時間：30分鐘

食材

1 顆洋蔥

1 瓣大蒜（切碎）

3 大匙自選的有機植物油

2 條櫛瓜

1 條紅蘿蔔

1 小顆紅甜椒

1 顆番茄

200 公克熟鷹嘴豆

100 公克綜合藜麥或純藜麥

1 片生薑（厚約 4 公分）

一小撮百里香

一小撮胡椒粉

1.5 塊蔬菜濃縮湯塊

3 大匙橄欖油

磨碎的帕瑪森乳酪

作法

★ 在平底鍋裡放入油，再將切成片的洋蔥和蒜末，炒至金黃色。

★ 洗淨所有蔬菜，需要去皮的蔬菜先削好。將蔬菜切成塊狀。

★ 將所有蔬菜、湯塊和 1 公升過濾水，放入平底鍋中，再加入藜麥。攪拌後，加入磨好的生薑泥、百里香和胡椒粉。無需添加鹽，湯塊中的含鹽量已足夠！

★ 等湯煮滾後，轉小火繼續煮 20 至 30 分鐘，偶爾攪拌一下。再加入 3 大匙的橄欖油並攪拌均勻。

★ 待蔬菜湯稍涼後，用手持式電動攪拌棒將湯中食材稍微打碎，保留一些蔬菜塊。加入熟鷹嘴豆後，將湯靜置數小時。

★ 食用前重新加熱，再放上一些磨碎的帕瑪森乳酪。

全然寬恕 | PURE INDULGENCE / SWEET INDULGENCE
豌豆蕪菁香料湯

 3人份　　 準備時間：10分鐘　　 烹調時間：30分鐘

食材

1 根帶長莖的青蔥
1 顆洋蔥
1 瓣大蒜（切碎或切成薄片）
2 大匙橄欖油
½ 大匙酥油
1 顆地瓜
200 公克豌豆
3 小條紅蘿蔔
3 顆蕪菁（大頭菜）

1 片生薑（厚約 4 公分）
1 片薑黃（厚約 4 公分）
半把芫荽
½ 小匙阿魏粉
1 塊蔬菜濃縮湯塊
2 小匙柯爾瑪綜合香料粉
數片新鮮或乾燥的咖哩葉
用醋浸泡的刺山柑

作法

★ 在平底鍋裡放入橄欖油和酥油，再放入切成段的青蔥、切成片的洋蔥和蒜末，炒至金黃色。

★ 洗淨所有蔬菜，需要去皮的蔬菜先削好。將蔬菜切成塊狀。

★ 將所有蔬菜、湯塊和 750 毫升過濾水，放入平底鍋中。攪拌後，加入磨好的生薑泥和薑黃泥、柯爾瑪綜合香料粉、咖哩葉和阿魏粉。無需添加鹽，湯塊中的含鹽量已足夠！

★ 等湯煮滾後，轉小火繼續煮 30 分鐘，偶爾攪拌一下。熬煮完成前 5 分鐘，加入芫荽。

★ 將湯靜置數小時。

★ 食用前重新加熱後，每一人份加入 2 小匙刺山柑。

渴望你 ENVIE DE TOI / LONGING FOR YOU
綠橄欖藜麥湯

 4人份　　 準備時間：10~15分鐘　　 烹調時間：20分鐘

食材

1 顆洋蔥

1 瓣大蒜（切碎）

3 大匙橄欖油

½ 大匙酥油

1 顆黃椒

2 條櫛瓜

2 顆番茄

100 公克藜麥

100 公克綠橄欖

1 片生薑（厚約 4 公分）

半把芫荽

½ 小匙阿魏粉

1 塊蔬菜濃縮湯塊

一小撮百里香

磨碎的帕瑪森乳酪

作法

★ 在平底鍋裡放入橄欖油和酥油，再將切成片的洋蔥和蒜末，炒至金黃色。

★ 洗淨所有蔬菜，需要去皮的蔬菜先削好。將蔬菜切成塊狀。

★ 將所有蔬菜、湯塊和 1 公升過濾水，放入平底鍋中，再加入藜麥。攪拌後，加入磨好的生薑泥、百里香和阿魏粉。無需添加鹽，湯塊中的含鹽量已足夠！

★ 等湯煮滾後，轉小火繼續煮 20 分鐘，偶爾攪拌一下。熬煮完成前 10 分鐘，加入芫荽和切好的綠橄欖。

★ 待蔬菜湯稍涼後，用手持式電動攪拌棒將湯中食材稍微打碎，保留一些蔬菜塊。將湯靜置數小時。

★ 食用前重新加熱，並放上一些磨碎的帕瑪森乳酪。

Extraite à froid

接近天堂 | TOUT PRÈS DU CIEL / CLOSE TO HEAVEN
紅蘿蔔紅扁豆咖哩濃湯

 3人份　　 準備時間：10~15分鐘　　 烹調時間：30分鐘

食材

3 根完整韭蔥
2 瓣大蒜（切碎或切成薄片）
2 大匙橄欖油
½ 大匙酥油
100 公克紅扁豆
3 條紅蘿蔔
半顆南瓜
1 片生薑（厚約 4 公分）
½ 小匙阿魏粉
1 塊蔬菜濃縮湯塊
2 小匙柯爾瑪綜合香料粉
1 小匙綠色泰式咖哩醬
數片新鮮或乾燥的咖哩葉

作法

★ 洗淨所有蔬菜，需要去皮的蔬菜先削好。將蔬菜切成塊狀或段狀。

★ 在平底鍋裡放入橄欖油和酥油，再炒熱蒜末。

★ 將所有蔬菜、湯塊和 750 毫升過濾水，放入平底鍋中，再加入紅扁豆。攪拌後，
加入磨好的生薑泥、柯爾瑪綜合香料粉、咖哩葉、咖哩醬和阿魏粉。無需添加
鹽，湯塊中的含鹽量已足夠！

★ 等湯煮滾後，轉小火繼續煮 30 分鐘，偶爾攪拌一下。

★ 待蔬菜湯稍涼後，用手持式電動攪拌棒將湯打成泥狀。將湯靜置數小時。

★ 食用前重新加熱。

|
黃蕪菁南瓜辣濃湯

 3人份　準備時間：10分鐘　烹調時間：30分鐘

食材

1 顆紅洋蔥

1 瓣大蒜（切碎或切成薄片）

2 大匙橄欖油

1 大匙酥油

2 顆圓櫛瓜

2 顆黃蕪菁

半顆南瓜

1 片生薑（厚約 4 公分）

½ 小匙阿魏粉

2 塊蔬菜濃縮湯塊

2 小匙孜然籽

1 小撮胡椒粉

1 小撮辣椒粉

磨碎的帕瑪森乳酪

作法

★ 在平底鍋裡放入橄欖油和酥油，再將切成片的洋蔥和蒜末，炒至金黃色。

★ 洗淨所有蔬菜，需要去皮的蔬菜先削好。將蔬菜切成塊狀。

★ 將所有蔬菜、湯塊和 750 毫升過濾水，放入平底鍋中。攪拌後，加入磨好的生薑泥、胡椒粉、辣椒粉、孜然籽和阿魏粉。無需添加鹽，湯塊中的含鹽量已足夠！

★ 等湯煮滾後，轉小火繼續煮 30 分鐘，偶爾攪拌一下。

★ 待蔬菜湯稍涼後，用攪拌器放在鍋裡打成泥狀。將湯靜置數小時。

★ 食用前重新加熱，再撒上一些磨碎的帕瑪森乳酪和少量的橄欖油。

喜悅 | *JOIE / JOY*
圓櫛瓜地瓜辣椰奶湯

 2人份　　 準備時間：10分鐘　　 烹調時間：20分鐘

食材

3 條帶長莖的青蔥
½ 大匙酥油
1 顆地瓜
2 條厚實的青辣椒（墨西哥辣椒）
2 顆圓櫛瓜
1 片生薑（厚約 4 公分）
1 片薑黃（厚約 4 公分）
半把芫荽
½ 小匙阿魏粉
1 塊蔬菜濃縮湯塊
2 根香茅
250 毫升椰奶

作法

★ 在平底鍋裡放入酥油，再將切成段的青蔥炒至金黃色。

★ 洗淨所有蔬菜，需要去皮的蔬菜先削好。將蔬菜切成塊狀。

★ 將所有的蔬菜、湯塊和 1 公升過濾水，放入平底鍋中。攪拌後，加入磨好的生薑泥和薑黃泥、香茅和阿魏粉。無需添加鹽，湯塊中的含鹽量已足夠！

★ 等湯煮滾後，轉小火繼續煮 20 分鐘，偶爾攪拌一下。熬煮完成前 10 分鐘，加入芫荽和椰奶。取出香茅。.

★ 待蔬菜湯稍涼後，用手持式電動攪拌棒將湯中食材稍微打碎，保留一些蔬菜塊。將湯靜置數小時。

★ 食用前重新加熱。

慵懶星期天 | DIMANCHE PARESSEUX / LAZY SUNDAY
茴香根地瓜湯

 2人份　　 準備時間：10分鐘　　 烹調時間：20分鐘

食材

1 顆紅洋蔥
1 小匙黑芥末籽
½ 大匙酥油
3 大匙橄欖油
1 顆地瓜
2 顆茴香根
1 片生薑（厚約 4 公分）
1 片薑黃（厚約 4 公分）
半小匙阿魏粉
1 塊蔬菜濃縮湯塊
100 公克連辣椒浸泡的綠橄欖

作法

★ 在平底鍋裡放入橄欖油和酥油，加入黑芥末籽和切成片的洋蔥，炒至金黃色。

★ 洗淨所有蔬菜，需要去皮的蔬菜先削好。將蔬菜切成塊狀。

★ 將所有蔬菜、湯塊和 750 毫升過濾水，放入平底鍋中。攪拌後，加入磨好的生薑泥和薑黃泥，以及阿魏粉。無需添加鹽，湯塊中的含鹽量已足夠！

★ 等湯煮滾後，轉小火繼續煮 20 分鐘，偶爾攪拌一下。

★ 熬煮完成前 5 分鐘，加入數片切好的橄欖。

★ 待蔬菜湯稍涼後，用手持式電動攪拌棒將湯中食材稍微打碎，保留一些蔬菜塊。將湯靜置數小時。

★ 食用前重新加熱。

獨舞
紅蘿蔔豌豆椰奶湯

 2人份　　 準備時間：10~15分鐘　　 烹調時間：30分鐘

食材

1 顆紅洋蔥
2 瓣大蒜（切碎或切成薄片）
½ 大匙酥油
5 大匙橄欖油
6 條紅蘿蔔
200 公克新鮮豌豆
1 片生薑（厚約 4 公分）
1 片薑黃（厚約 4 公分）

半把芫荽
2 小匙孜然籽
½ 小匙阿魏粉
1 塊蔬菜濃縮湯塊
1 小匙綠色泰國咖哩醬
數片新鮮或乾燥咖哩葉
250 毫升椰奶

作法

★ 在平底鍋裡，放入 3 大匙橄欖油和酥油，再放入切成片的洋蔥和蒜末，炒至金黃色。

★ 洗淨所有蔬菜，需要去皮的蔬菜先削好。將蔬菜切成塊狀。

★ 除了豌豆外，將所有蔬菜和湯塊放入平底鍋中，與 500 毫升過濾水一起煮沸。再加入薑片和磨好的薑黃泥、綠咖哩醬、咖哩葉、孜然籽和阿魏粉。無需添加鹽，湯塊中的含鹽量已足夠！

★ 等湯煮滾後，轉小火繼續煮 30 分鐘，偶爾攪拌一下。熬煮完成前 10 分鐘，再加入芫荽和椰奶。

★ 用另一個平底鍋，放入蒜末和剩餘的橄欖油，將豌豆炒熱。

★ 不需再攪拌，待蔬菜湯稍涼後，再倒入豌豆並將湯靜置數小時。

★ 食用前再加熱。

柑橘香 | PARFUM D'AGRUMES / SCENT OF CITRUS
紅扁豆花椰菜濃湯

 3人份　　 準備時間：10分鐘　　 烹調時間：30分鐘

食材

1 顆紅洋蔥
½ 大匙酥油
2 大匙橄欖油
1 小匙芫荽籽
1 小匙黑芥末籽
150 公克紅扁豆
¾ 顆白花椰菜
1 片生薑（厚約 4 公分）
1 片薑黃（厚約 4 公分）
½ 小匙阿魏粉
數片新鮮或乾燥的咖哩葉
1 塊蔬菜濃縮湯塊
半顆檸檬

作法

★ 在平底鍋裡放入橄欖油和酥油，再將切成片的洋蔥和香料籽，炒至金黃色。

★ 將花椰菜洗淨並切成塊狀。

★ 將花椰菜、湯塊和 1 公升過濾水，放入平底鍋中，再加入紅扁豆。攪拌後，加入磨好的生薑泥和薑黃泥、咖哩葉和阿魏粉。無需添加鹽，湯塊中的含鹽量已足夠！

★ 等湯煮滾後，轉小火繼續煮 30 分鐘，偶爾攪拌一下。

★ 待蔬菜湯稍涼後，用手持式電動攪拌棒將湯打成泥狀。將湯靜置數小時。

★ 食用前重新加熱，並淋上數滴檸檬汁。

天鵝絨 | VELOURS / VELVET
黃扁豆根芹菜湯

 4人份　　 準備時間：10分鐘　　 烹調時間：30分鐘

食材

1 顆紅洋蔥
½ 大匙酥油
2 大匙橄欖油
150 公克黃扁豆
1 顆根芹菜
1 片生薑（厚約 4 公分）
1 片薑黃（厚約 4 公分）
½ 小匙阿魏粉
2 塊蔬菜濃縮湯塊
1 撮胡椒粉

作法

★ 在平底鍋裡放入橄欖油和酥油，將切成片的洋蔥炒至金黃色。

★ 將根芹菜洗淨、削去外皮，並切成塊狀。

★ 將根芹菜、湯塊和 1 公升過濾水，放入平底鍋中，再加入黃扁豆。攪拌後，再
　 加入生薑片、磨好的薑黃泥、胡椒粉和阿魏粉。無需添加鹽，湯塊中的含鹽量
　 已足夠！

★ 等湯煮滾後，轉小火繼續煮 30 分鐘，偶爾攪拌一下。

★ 待蔬菜湯稍涼後，用手持式電動攪拌棒將湯中食材稍微打碎，保留一些蔬菜塊。
　 將湯靜置數小時。

★ 食用前重新加熱。

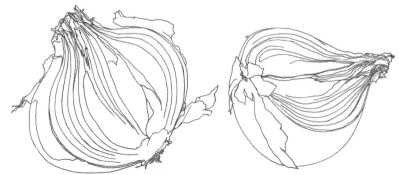

無限恩典 | *GRÂCE INFINIE / AMAZING GRACE*
綠扁豆地瓜香料湯

 3人份　　 準備時間：10分鐘　　 烹調時間：40分鐘

食材

1 顆洋蔥
1 大匙酥油
2 大匙橄欖油
1 小匙芫荽籽
1 小匙黑芥末籽
1 小匙孜然籽
1 小匙丁香
150 公克乾燥綠扁豆

1 顆大地瓜
1 片生薑（厚約 4 公分）
1 片薑黃（厚約 4 公分）
½ 小匙阿魏粉
2 塊蔬菜濃縮湯塊
1 根香茅
數片新鮮或乾燥的咖哩葉

作法

★ 在平底鍋裡放入橄欖油和酥油，再將切成片的洋蔥和香料籽，炒至金黃色。

★ 將地瓜洗淨、削去外皮，並切成塊狀。

★ 將地瓜、湯塊和 750 毫升過濾水，放入平底鍋中，再加入綠扁豆。攪拌後，加入磨好的生薑泥和薑黃泥、咖哩葉和阿魏粉。無需添加鹽，湯塊中的含鹽量已足夠！

★ 等湯煮滾後，轉小火繼續煮 40 分鐘，偶爾攪拌一下。

★ 待蔬菜湯稍涼後，用手持式電動攪拌棒將湯中食材稍微打碎，保留一些蔬菜塊。將湯靜置數小時。

★ 食用前重新加熱。

星期天之湯 | SOUPE DOMINICALE / SUNDAY SOUP
茴香根南瓜微辣濃湯

 3人份   準備時間：10分鐘   烹調時間：25分鐘

食材

2 條帶長莖的青蔥
1 大匙酥油
2 大匙橄欖油
1 小匙黑芥末籽
1 小匙孜然籽
半顆煮熟的帶皮日本南瓜
1 顆茴香根

1 片生薑（厚約 4 公分）
1 片薑黃（厚約 4 公分）
½ 小匙阿魏粉
1 塊蔬菜濃縮湯塊
2 大條乾燥紅辣椒
半根蒔蘿
一小撮百里香

作法

★ 在平底鍋裡放入橄欖油和酥油，再將切成段的青蔥和香料籽，炒至
　金黃色。

★ 將茴香根洗淨並切成塊狀。

★ 將茴香根、湯塊和 750 毫升過濾水，放入平底鍋中。攪拌後，加入
　磨好的生薑泥和薑黃泥、紅辣椒、百里香和阿魏粉。無需添加鹽，
　湯塊中的含鹽量已足夠！

★ 等湯煮滾後，轉小火繼續煮 10 分鐘，偶爾攪拌一下。放進南瓜後，
　再熬煮 15 分鐘，並持續攪拌。取出紅辣椒。

★ 待蔬菜湯稍涼後，用攪拌器在鍋裡將湯打成泥狀。將湯靜置數小時。

★ 食用前重新加熱，並撒上蒔蘿。

風味十足 圓櫛瓜鷹嘴豆微辣湯

SUCCULENT / YUMMY

 2人份　　 準備時間：10分鐘　　烹調時間：20分鐘

食材

1 顆洋蔥
½ 大匙酥油
2 大匙橄欖油
200 公克熟鷹嘴豆
2 顆圓櫛瓜
1 片生薑（厚約 4 公分）
1 片薑黃（厚約 4 公分）
½ 小匙阿魏粉
1 塊蔬菜濃縮湯塊
1 大條乾燥紅辣椒
數顆乳酪球

作法

★ 在平底鍋裡放入橄欖油和酥油，再將切成片的洋蔥炒至金黃色。

★ 將圓櫛瓜洗淨並切成塊狀。

★ 將圓櫛瓜、湯塊和 500 毫升過濾水，放入平底鍋中。攪拌後，再加入生薑片、
　紅辣椒、磨好的薑黃泥和阿魏粉。無需添加鹽，湯塊中的含鹽量已足夠！

★ 等湯煮滾後，轉小火繼續煮 20 分鐘，偶爾攪拌一下。熬煮完成前 10 分鐘，加
　入鷹嘴豆。取出紅辣椒。

★ 將湯靜置數小時。

★ 食用前重新加熱，再放入一、兩顆乳酪球。

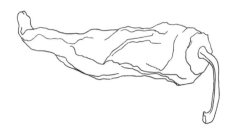

你的吻 | TES BAISERS / YOUR KISSES
南瓜櫛瓜微辣濃湯

 3人份　　 準備時間：10~15分鐘　　 烹調時間：20分鐘

食材

2 根帶長莖的青蔥
½ 大匙酥油
2 大匙橄欖油
半顆煮熟帶皮的日本南瓜
4 條小櫛瓜
1 片生薑（厚約 4 公分）
1 片薑黃（厚約 4 公分）
½ 小匙阿魏粉
1 小匙孜然籽
1 塊蔬菜濃縮湯塊
1 大條乾燥紅辣椒
數塊菲達乳酪
1 小撮百里香

作法

★ 在平底鍋裡放入橄欖油和酥油，再將切成段的青蔥和孜然籽，炒至金黃色。

★ 將櫛瓜洗淨並切成塊狀。

★ 將櫛瓜、湯塊和 1 公升過濾水，放入平底鍋中，再加入南瓜。攪拌後，加入磨好的生薑泥和薑黃泥、百里香、紅辣椒和阿魏粉。無需添加鹽，湯塊中的含鹽量已足夠！

★ 等湯煮滾後，轉小火繼續煮 20 分鐘，偶爾攪拌一下。熬煮完成前 5 分鐘，取出紅辣椒。

★ 待蔬菜湯稍涼後，用攪拌器在鍋裡將湯打成至泥狀。將湯靜置數小時。

★ 食用前重新加熱，並灑上一些菲達乳酪碎片。

做你自己 SOIS TOI-MÊME / BE WHO YOU ARE
紅扁豆青花菜椰奶濃湯

 2人份　　準備時間：10~15分鐘　　烹調時間：20分鐘

食材

1 顆洋蔥
½ 大匙酥油
2 大匙橄欖油
150 公克紅扁豆
1 顆青花菜
1 片薑黃（厚約 4 公分）
½ 小匙阿魏粉
1 塊蔬菜濃縮湯塊
1 小匙綠色泰國咖哩醬
200 毫升椰奶

作法

★ 在平底鍋裡放入橄欖油和酥油，再將切成片的洋蔥炒至金黃色。

★ 將青花菜洗淨並切成塊狀。

★ 將青花菜、湯塊和 500 毫升過濾水，放入平底鍋中，再加入紅扁豆。攪拌後，加入磨好的薑黃泥、咖哩醬和阿魏粉。無需添加鹽，湯塊中的含鹽量已足夠！

★ 等湯煮滾後，轉小火繼續煮 20 分鐘，偶爾攪拌一下。熬煮完成前 5 分鐘，加入椰奶。

★ 待蔬菜湯稍涼後，用攪拌器在鍋裡將湯打成至泥狀。將湯靜置數小時。

★ 食用前重新加熱。

今 日 | AUJOURD'HUI / TODAY
綠蘆筍紅扁豆地瓜濃湯

 3人份　　 準備時間：10分鐘　　 烹調時間：20分鐘

食材

1 顆洋蔥
1 大匙酥油
150 公克紅扁豆
2 把綠蘆筍
1 顆小地瓜或半顆大地瓜
1 片生薑（厚約 4 公分）
1 片薑黃（厚約 4 公分）
1 小匙薑黃粉
½ 小匙阿魏粉
1 塊蔬菜濃縮湯塊
1 根香茅

作法

★ 在平底鍋裡放入酥油，再將切成片的洋蔥炒至金黃色。

★ 洗淨所有蔬菜，需要去皮的蔬菜先削好。將蔬菜切成塊狀。

★ 將所有蔬菜、湯塊和 750 毫升過濾水，放入平底鍋中，再加入紅扁豆。攪拌後，加入磨好的生薑泥和薑黃泥、薑黃粉、香茅和阿魏粉。無需添加鹽，湯塊中的含鹽量已足夠！

★ 等湯煮滾後，轉小火繼續煮 20 分鐘，偶爾攪拌一下。取出香茅。

★ 待蔬菜湯稍涼後，用手持式電動攪拌棒將湯打成泥狀。將湯靜置數小時。

★ 食用前重新加熱。

3

太陽輪

太陽輪的黃色，令人聯想到陽光普照。太陽即生命，早晨的
能量，光芒四射的力量！

在烹飪時，可藉由不同食材的搭配，組合成黃色：有南瓜、
芹菜、黃甜椒和鷹嘴豆，還有櫛瓜、甜菜……

捨棄 | ABANDON / SURRENDER
紅蘿蔔鷹嘴豆香料湯

 4人份　　 準備時間：10分鐘　　 烹調時間：25分鐘

食材

1 顆洋蔥

1 或 2 瓣大蒜（切碎或切成薄片）

3 大匙自行選擇的植物油

2 大匙橄欖油

3 條小紅蘿蔔

200 公克熟鷹嘴豆

1 條櫛瓜

半顆紫甘藍

半顆青花菜

1 塊蔬菜濃縮湯塊

1 大匙黃色北非綜合香料粉

½ 小匙阿魏粉

1 片生薑（厚約 4 公分）

半把芫荽

作法

★ 在平底鍋裡放入植物油，再將切成片的洋蔥和蒜末，炒至金黃色。

★ 洗淨所有蔬菜，需要去皮的蔬菜先削好。將蔬菜切成塊狀狀。

★ 將所有蔬菜、湯塊和 1 公升過濾水，放入平底鍋中。攪拌後，加入磨好的生薑泥、黃色北非綜合香料粉和阿魏粉。無需添加鹽，湯塊中的含鹽量已足夠！

★ 等湯煮滾後，轉小火繼續煮 20 至 30 分鐘，偶爾攪拌一下。熬煮完成前，加入 2 大匙的橄欖油。

★ 待蔬菜湯稍涼後，用手持式電動攪拌棒將湯中食材稍微打碎，保留一些蔬菜塊。加入鷹嘴豆後，將湯靜置數小時。

★ 食用前重新加熱，再撒上一些芫荽。

單純的喜悅 SIMPLEMENT HEUREUX / SIMPLY HAPPY
紅甜椒綠扁豆咖哩濃湯

 4人份　 準備時間：10分鐘　烹調時間：40分鐘

食材

1 顆洋蔥

1 或 2 瓣大蒜（切碎或切成薄片）

3 大匙自行選擇的植物油

2 大匙有機橄欖油

2 條紅蘿蔔

130 公克乾燥綠扁豆

1 條紅甜椒

¼ 顆奶油南瓜

數片新鮮或乾燥的咖哩葉

2 小匙咖哩粉

½ 小匙阿魏粉

1 塊蔬菜濃縮湯塊

1 片生薑（厚約 4 公分）

1 片薑黃（厚約 4 公分）

半把芫荽

作法

★ 在平底鍋裡放入植物油，再將切成片的洋蔥和蒜末，炒至金黃色。

★ 洗淨所有蔬菜，需要去皮的蔬菜先削好。將蔬菜切成塊狀。

★ 將蔬菜、湯塊和 1 公升過濾水，放入平底鍋中，再加入綠扁豆。攪拌後，加入磨好的生薑泥和薑黃泥、咖哩葉、咖哩粉和阿魏粉。無需添加鹽，湯塊中的含鹽量已足夠！

★ 等湯煮滾後，轉小火繼續煮 40 分鐘，偶爾攪拌一下。熬煮完成前 5 分鐘，加入芫荽。完全煮好後，再倒入 2 大匙的橄欖油。

★ 待蔬菜湯稍涼後，用攪拌器在鍋裡將湯打成至泥狀。將湯靜置數小時。

★ 食用前重新加熱。

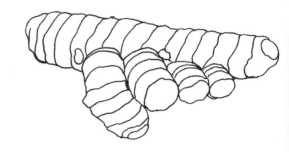

起床，加油吧！

番茄櫛瓜香料湯

 4人份　　 準備時間：10分鐘　　 烹調時間：20分鐘

食材

1 顆洋蔥
1 大匙酥油
1 顆地瓜
2 條櫛瓜
1 顆番茄
½ 小匙阿魏粉
1 塊蔬菜濃縮湯塊
1 塊馬撒拉綜合香料湯塊
數片新鮮或乾燥的咖哩葉
3 小匙柯爾瑪綜合香料粉

作法

★ 在平底鍋裡放入酥油，再將切成片的洋蔥炒至金黃色。

★ 洗淨所有蔬菜，需要去皮的蔬菜先削好。將蔬菜切成塊狀。

★ 將所有蔬菜、湯塊和 1 公升過濾水，放入平底鍋中。攪拌後，再加入香料粉、
咖哩葉和阿魏粉。無需添加鹽，湯塊中的含鹽量已足夠！

★ 等湯煮滾後，轉小火繼續煮 20 分鐘，偶爾攪拌一下。

★ 待蔬菜湯稍涼後，用手持式電動攪拌棒將湯中食材稍微打碎，保留一些蔬菜塊。
將湯靜置數小時。

★ 食用前重新加熱。

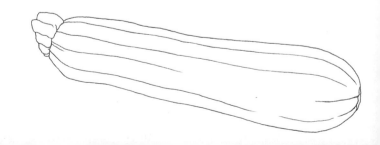

感謝 豌豆馬鈴薯辣濃湯

 3人份　　 準備時間：10　　 烹調時間：30分鐘

食材

1 根帶長莖的青蔥
3 大匙橄欖油
½ 大匙酥油
¼ 顆南瓜
1 顆馬鈴薯
1 條櫛瓜
1 條厚實的青辣椒（墨西哥辣椒）
200 公克豌豆
1 片生薑（厚約 4 公分）
½ 小匙阿魏粉
1 塊蔬菜濃縮湯塊
1 撮百里香
數顆原味或百里香口味的乳酪球

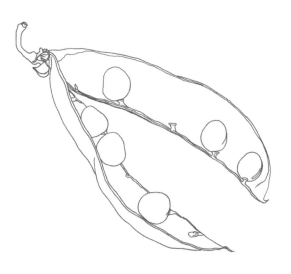

作法

★ 在平底鍋裡放入橄欖油和酥油，再將切成段的青蔥炒至金黃色。

★ 洗淨所有蔬菜，需要去皮的蔬菜先削好。將蔬菜切成塊狀。

★ 將所有蔬菜、湯塊和 750 毫升過濾水，放入平底鍋中。攪拌後，加入磨好的生薑泥、百里香和阿魏粉。無需添加鹽，湯塊中的含鹽量已足夠！

★ 等湯煮滾後，轉小火繼續煮 30 分鐘，偶爾攪拌一下。

★ 待蔬菜湯稍涼後，用攪拌器在鍋裡將湯打成至泥狀。將湯靜置數小時。

★ 食用前重新加熱，再放上幾顆乳酪球。

秋之戀 | AMOUR D'AUTOMNE / AUTUMN LOVE
櫛瓜綠扁豆咖哩湯

 4人份　 準備時間：10分鐘　 烹調時間：40分鐘

食材

3 根帶長莖的青蔥
2 瓣大蒜（切碎或切成薄片）
2 大匙橄欖油
½ 大匙酥油
150 公克乾燥綠扁豆
2 條櫛瓜
¼ 顆日本南瓜
1 片生薑（厚約 4 公分）
1 片薑黃（厚約 4 公分）
½ 小匙阿魏粉
1 塊蔬菜濃縮湯塊
3 小匙咖哩粉
數片新鮮或乾燥的咖哩葉

作法

★ 在平底鍋裡放入橄欖油和酥油，再將切成段的青蔥和蒜末，炒至金黃色。

★ 洗淨所有蔬菜，需要去皮的蔬菜先削好。將蔬菜切成塊狀。

★ 將所有蔬菜、湯塊和 1 公升過濾水，放入平底鍋中，再加入綠扁豆。攪拌後，
加入磨好的薑泥和薑黃泥、咖哩粉、咖哩葉和阿魏粉。無需添加鹽，湯塊中的
含鹽量已足夠！

★ 等湯煮滾後，轉小火繼續煮 40 分鐘，偶爾攪拌一下。

★ 待蔬菜湯稍涼後，用手持式電動攪拌棒將湯中食材稍微打碎，保留一些蔬菜塊。
將湯靜置數小時。

★ 食用前重新加熱。

溫柔 | TENDRESSE / SWEETNESS
紅蘿蔔豌豆咖哩湯

 3人份　　 準備時間：10~15分鐘　　 烹調時間：25分鐘

食材

1 顆紅洋蔥

½ 大匙酥油

4 大匙橄欖油

200 公克豌豆

1 瓣大蒜（切碎或切成薄片）

4 條紅蘿蔔

1 片生薑（厚約 4 公分）

1 片薑黃（厚約 4 公分）

½ 小匙阿魏粉

1 塊蔬菜濃縮湯塊

2 小匙孜然籽

1 小匙芫荽籽

半把芫荽

數片新鮮或乾燥的咖哩葉

3 小匙咖哩粉

豆腐泥

作法

★ 用 1 大匙橄欖油炒熱豌豆後，先盛盤。

★ 在平底鍋裡放入橄欖油和酥油，並將切片好的紅洋蔥和蒜末，炒至金黃色。

★ 將紅蘿蔔洗淨、削去外皮，並切成塊狀。

★ 將紅蘿蔔、湯塊和 750 毫升過濾水，放入平底鍋中。攪拌後，加入磨好的生薑泥和薑黃泥、咖哩粉、咖哩葉和阿魏粉。無需添加鹽，湯塊中的含鹽量已足夠！

★ 等湯煮滾後，轉小火繼續煮 25 分鐘，偶爾攪拌一下。熬煮完成前 5 分鐘，加入芫荽。

★ 待蔬菜湯稍涼後，用手持式電動攪拌棒將湯中食材稍微打碎，保留一些蔬菜塊。放入豌豆後，將湯靜置數小時。

★ 食用前重新加熱。加入 1 至 2 大匙的豆腐泥溶於湯中，可使口感更加濃郁。

撫摸 | CARESSES
洋蔥南瓜濃湯

 3人份　　 準備時間：10分鐘　　 烹調時間：30分鐘

食材

1 顆洋蔥
1 瓣大蒜（切碎或切成薄片）
½ 大匙酥油
2 大匙橄欖油
1 顆小的或中的南瓜
½ 小匙阿魏粉
1 塊蔬菜濃縮湯塊
1 小撮百里香
1 小撮胡椒粉
半把韭菜
豆腐泥

作法

★ 在平底鍋裡放入橄欖油和酥油，再將切成片的洋蔥和蒜末，炒至金黃色。

★ 將南瓜洗淨、削去外皮，並切成塊狀。

★ 將南瓜、湯塊和 750 毫升過濾水，放入平底鍋中。攪拌後，再加入百里香、胡椒粉和阿魏粉。無需添加鹽，湯塊中的含鹽量已足夠！

★ 等湯煮滾後，轉小火繼續煮 30 分鐘，偶爾攪拌一下。

★ 待蔬菜湯稍涼後，用攪拌器在鍋裡將湯打成至泥狀。將湯靜置數小時。

★ 食用前重新加熱。加入 1 至 2 大匙的豆腐泥溶於湯中，可使湯更加濃郁，並撒上一些切碎的韭菜。

日升 | SOLEIL LEVANT / RISING SUN
根芹菜南瓜椰奶湯

 4人份　 準備時間：10分鐘　 烹調時間：25分鐘

食材

½ 大匙酥油

2 大匙橄欖油

1 大匙黑芥末籽

1 小匙孜然籽

1 小匙芫荽籽

¼ 個根芹菜

¼ 個煮熟的日本南瓜

2 根韭蔥

1 片生薑（厚約 4 公分）

1 片薑黃（厚約 4 公分）

½ 小匙阿魏粉

1 塊蔬菜濃縮湯塊

3 小匙柯爾瑪綜合香料粉

1 小匙黃色泰國咖哩醬

半把芫荽

250 毫升椰奶

1 罐印度芒果泡菜（achars）

作法

★ 洗淨所有蔬菜，需要去皮的部分先削好。快速切成塊狀或厚片狀。

★ 在平底鍋裡放入橄欖油和酥油，油煎香料籽後，再放入韭蔥。

★ 放入其他蔬菜、湯塊和 1 公升過濾水，放入平底鍋中。攪拌後，加入磨好的生薑泥和薑黃泥、柯爾瑪綜合香料粉、咖哩醬和阿魏粉。無需添加鹽，湯塊中的含鹽量已足夠！

★ 等湯煮滾後，轉小火繼續煮 25 分鐘，偶爾攪拌一下。熬煮完成前 5 分鐘，加入芫荽和椰奶。

★ 待蔬菜湯稍涼後，用手持式電動攪拌棒將湯中食材稍微打碎，保留一些蔬菜塊。將湯靜置數小時。

★ 食用前重新加熱，再放上一些芒果泡菜。

我的香脆湯 | MA SOUPE CROUSTILLANTE / MY CRUNCHY SOUP
圓櫛瓜玉米微辣濃湯

 2人份　 準備時間：10分鐘　 烹調時間：15分鐘

食材

1 顆紅洋蔥
½ 大匙酥油
2 大匙橄欖油
200 公克熟玉米
3 顆圓櫛瓜
1 片生薑（厚約 4 公分）
1 片薑黃（厚約 4 公分）
½ 小匙阿魏粉
2 塊蔬菜濃縮湯塊
1 大條乾燥紅辣椒
半把薄荷葉
豆腐泥

作法

★ 在平底鍋裡放入橄欖油和酥油，再將切成片的洋蔥炒至金黃色。

★ 將櫛瓜洗淨並切成塊狀。

★ 將櫛瓜、湯塊和 500 毫升過濾水，放入平底鍋中。攪拌後，加入磨好的生薑泥
　和薑黃泥、紅辣椒和阿魏粉。無需添加鹽，湯塊中的含鹽量已足夠！

★ 等湯煮滾後，轉小火繼續煮 15 分鐘，偶爾攪拌一下。熬煮完成前 5 分鐘，取
　出紅辣椒。

★ 用手持式電動攪拌棒將湯打成泥狀後，再加入玉米和薄荷葉。將湯靜置數小時。

★ 食用前重新加熱。放 1 至 2 大匙的豆腐泥溶於湯中，可使口感更加濃郁。

仲夏日

綠蘆筍黃扁豆微辣湯

 3人份　　 準備時間：10分鐘　　烹調時間：30分鐘

食材

1 顆洋蔥
½ 大匙酥油
2 大匙橄欖油
150 公克黃扁豆
1 把綠蘆筍
1 片生薑（厚約 4 公分）
1 片薑黃（厚約 4 公分）
½ 小匙阿魏粉
1 塊蔬菜濃縮湯塊
1 小撮胡椒粉
2 大條乾燥紅辣椒

作法

★ 在平底鍋裡放入橄欖油和酥油，並將切成片的洋蔥炒至金黃色。

★ 將綠蘆筍洗淨並切成段狀。

★ 將綠蘆筍、湯塊和 750 毫升過濾水，放入平底鍋中。攪拌後，加入磨好的生薑泥和薑黃泥、紅辣椒、胡椒粉和阿魏粉。無需添加鹽，湯塊中的含鹽量已足夠！

★ 等湯煮滾後，轉小火繼續煮 20 分鐘，偶爾攪拌一下。熬煮完成前 5 分鐘，取出紅辣椒。

★ 待蔬菜湯稍涼後，用手持式電動攪拌棒將湯中食材打碎至個人喜歡的大小。將湯靜置數小時。

★ 食用前重新加熱。

在此
青花菜黃扁豆椰奶濃湯

 4人份　　 準備時間：10分鐘　　 烹調時間：30分鐘

食材

1 顆洋蔥
½ 大匙酥油
1 小匙黑芥末籽
1 小匙孜然籽
1 小匙芫荽籽
180 公克黃扁豆
1 顆黃蕪菁
1 顆青花菜

1 片生薑（厚約 4 公分）
1 片薑黃（厚約 4 公分）
½ 小匙阿魏粉
1 塊蔬菜濃縮湯塊
1 小匙黃色泰國咖哩醬
數片新鮮或乾燥的咖哩葉
200 毫升椰奶

作法

★ 在平底鍋裡放入酥油，並將切成片的洋蔥和香料籽，炒至金黃色。

★ 洗淨所有蔬菜，需要去皮的蔬菜先削好。將蔬菜切成塊狀。

★ 將所有蔬菜、湯塊和 1 公升過濾水，放入平底鍋中。攪拌後，加入磨好的生薑泥和薑黃泥、咖哩醬、咖哩葉和阿魏粉。無需添加鹽，湯塊中的含鹽量已足夠！

★ 等湯煮滾後，轉小火繼續煮 30 分鐘，偶爾攪拌一下。熬煮完成前 10 分鐘，加入椰奶。

★ 待蔬菜湯稍涼後，用手持式電動攪拌棒快速將湯打成泥狀。將湯靜置數小時。

★ 食用前重新加熱。

雨天之湯 | SOUPE DES JOURS PLUVIEUX / SOUP FOR RAINY DAYS
芹菜南瓜辣香料湯

 4人份　　 準備時間：10分鐘　　 烹調時間：20分鐘

食材

2 根帶長莖的青蔥

1 大匙酥油

1 顆南瓜

1 根芹菜莖

1 片生薑（厚約 4 公分）

1 片薑黃（厚約 4 公分）

½ 小匙阿魏粉

1 塊蔬菜濃縮湯塊

1 小匙薑黃粉

3 小匙柯爾瑪綜合香料粉

3 大條乾燥紅辣椒

數片新鮮或乾燥的咖哩葉

半把芫荽

少量橄欖油

作法

★ 在平底鍋裡放入酥油，並將切成段的青蔥炒至金黃色。

★ 將南瓜洗淨、削去外皮，並切成塊狀。從芹菜的根部起，切下約 15 公分長、最嫩的莖部；剩餘的部分留下來烹煮其他菜餚。將芹菜切成段狀。

★ 將蔬菜、湯塊和 1 公升過濾水，放入平底鍋中。攪拌後，加入磨好的生薑泥和薑黃泥、綜合香料粉、紅辣椒、咖哩葉、薑黃粉和阿魏粉。無需添加鹽，湯塊中的含鹽量已足夠！

★ 等湯煮滾後，轉小火繼續煮 15 至 20 分鐘，偶爾攪拌一下。熬煮完成前 5 分鐘，加入芫荽。取出紅辣椒。

★ 待蔬菜湯稍涼後，用手持式電動攪拌棒將湯中食材打碎至個人喜歡的大小。將湯靜置數小時。

★ 食用前重新加熱，再淋上少量橄欖油。

精力 綠扁豆地瓜濃湯

 3人份　　 準備時間：10~15分鐘　　 烹調時間：40分鐘

食材

5 根帶長莖的青蔥
2 瓣大蒜（各切對半）
½ 大匙酥油
150 公克乾燥綠扁豆
2 顆茴香根
半顆地瓜
1 片生薑（厚約 4 公分）
2 小匙薑黃粉
½ 小匙阿魏粉
2 塊蔬菜濃縮湯塊
1 小匙孜然籽

作法

★ 在平底鍋裡放入酥油，再將切好的蔥和大蒜，炒至金黃色。

★ 洗淨所有蔬菜，需要去皮的蔬菜先削好。將蔬菜切成塊狀。

★ 將所有蔬菜、湯塊和 1 公升過濾水，放入平底鍋中，再加入綠扁豆。攪拌後，
　 加入磨好的生薑泥、薑黃粉、孜然籽和阿魏粉。無需添加鹽，湯塊中的含鹽量
　 已足夠！

★ 等湯煮滾後，轉小火繼續煮 40 分鐘，偶爾攪拌一下。

★ 待蔬菜湯稍涼後，用手持式電動攪拌棒將湯打成泥狀。將湯靜置數小時。

★ 食用前重新加熱。

純粹喜悅 | JOIE PURE / PURE JOY
黃甜椒地瓜椰奶湯

 3人份　　 準備時間：10分鐘　　 烹調時間：20分鐘

食材

5 根帶長莖的青蔥

2 瓣大蒜（各切對半）

1 大匙酥油

1 小匙黑芥末籽

1 小匙孜然籽

1 小匙芫荽籽

1 小匙葫蘆巴籽

半顆黃甜椒

1 顆地瓜

1 片生薑（厚約 4 公分）

½ 小匙阿魏粉

1 塊蔬菜濃縮湯塊

2 小匙薑黃粉

200 毫升椰奶

一撮胡椒粉

數片新鮮的薄荷葉

作法

★ 在平底鍋裡放入香料籽和酥油，並將切成段的青蔥和大蒜，炒至金黃色。

★ 洗淨所有蔬菜，需要去皮的蔬菜先削好。將蔬菜切成塊狀。

★ 將所有蔬菜、湯塊和 750 毫升過濾水，放入平底鍋中。攪拌後，加入磨好的生薑泥、胡椒粉、薑黃粉和阿魏粉。無需添加鹽，湯塊中的含鹽量已足夠！

★ 等湯煮滾後，轉小火繼續煮 20 分鐘，偶爾攪拌一下。熬煮完成前 10 分鐘，加入椰奶和數片薄荷葉。

★ 待蔬菜湯稍涼後，用手持式電動攪拌棒將湯打成泥狀。將湯靜置數小時。

★ 食用前重新加熱。

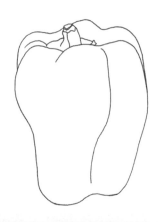

蝴蝶
櫛瓜鷹嘴豆微辣濃湯

 3人份　　 準備時間：10分鐘　　 烹調時間：20分鐘

食材

1 顆洋蔥
1 瓣大蒜（切碎或切成薄片）
1 大匙酥油
200 公克熟鷹嘴豆
3 條淺綠色或傳統的櫛瓜
2 顆番茄
1 片生薑（厚約 4 公分）
1 片薑黃（厚約 4 公分）
½ 小匙阿魏粉
2 塊蔬菜濃縮湯塊
1 大條乾燥紅辣椒
半把羅勒
少量橄欖油

作法

★ 在平底鍋裡放入酥油，並將切成片的洋蔥和蒜末，炒至金黃色。

★ 洗淨所有蔬菜，需要去皮的蔬菜先削好。將蔬菜切成塊狀。

★ 將所有蔬菜、湯塊和 750 毫升過濾水，放入平底鍋中。攪拌後，加入磨好的生薑泥和薑黃泥、紅辣椒和阿魏粉。無需添加鹽，湯塊中的含鹽量已足夠！

★ 等湯煮滾後，轉小火繼續煮 20 分鐘，偶爾攪拌一下。熬煮完成前 10 分鐘，加入鷹嘴豆和羅勒，並取出紅辣椒。

★ 待蔬菜湯稍涼後，用手持式電動攪拌棒將湯打成泥狀。將湯靜置數小時。

★ 食用前重新加熱，再淋上少量橄欖油和撒上數片羅勒葉。

4

心輪

綠色與紅色的結合，使我們感受到無條件之愛的溫柔，沒有
批判，只有療癒。在大自然中無所不在的綠色，具有讓人休
養生息的效果。

沒有其他可媲美這些了，一小片的甜菜根或紫甘藍，搭配櫛
瓜、青花菜、黃瓜或菠菜……

愛很簡單 L'AMOUR, C'EST LA SIMPLICITÉ / LOVE IS SIMPLICITY
紅蘿蔔豌豆微辣濃湯

 4人份　　 準備時間：10分鐘　　 烹調時間：40分鐘

食材

1 顆洋蔥
1 瓣大蒜（切碎或切成薄片）
3 大匙自選有機植物油
1 條紅蘿蔔
180 公克去皮乾燥豌豆
3 片月桂葉
1 塊蔬菜濃縮湯塊
1 撮胡椒粉
1 撮紅辣椒粉
½ 小匙阿魏粉
2 大匙橄欖油
100 公克燻豆腐

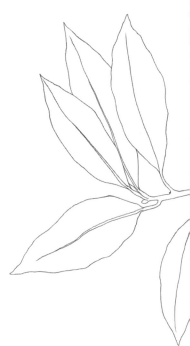

作法

★ 在平底鍋裡放入植物油，並將切成片的洋蔥和蒜末，炒至金黃色。

★ 將紅蘿蔔洗淨、削去外皮，並切成厚片狀。

★ 將紅蘿蔔、湯塊和1公升過濾水，放入平底鍋中，再加入豌豆。攪拌後，再加入胡椒粉、紅辣椒粉、月桂葉和阿魏粉。無需添加鹽，湯塊中的含鹽量已足夠！

★ 等湯煮滾後，轉小火繼續煮 40 分鐘，偶爾攪拌一下。

★ 待蔬菜湯稍涼後，用手持式電動攪拌棒將湯打成泥狀。放入切成小方塊的燻豆腐和 2 大匙的橄欖油。將湯靜置數小時。

★ 食用前重新加熱。

接納 ACCEPTATION / ACCEPTANCE
青花菜豌豆地瓜椰奶湯

 2人份　　 準備時間：10分鐘　　烹調時間：25分鐘

食材

1 顆洋蔥
1 瓣大蒜（切碎或切成薄片）
3 大匙自選有機植物油
半顆地瓜
150 公克豌豆
¼ 顆青花菜
1 片生薑（厚約 4 公分）
半把芫荽
數片新鮮或乾燥的咖哩葉
1 塊蔬菜濃縮湯塊
200 毫升椰奶
1 小匙綠色泰國咖哩醬
½ 小匙阿魏粉

作法

★ 在平底鍋裡放入植物油，並將切成片的洋蔥和蒜末，炒至金黃色。

★ 洗淨所有蔬菜，需要去皮的蔬菜先削好。將蔬菜切成塊狀。

★ 將所有蔬菜、湯塊和 500 毫升過濾水，放入平底鍋中。攪拌後，加入磨好的生薑泥、咖哩葉、綠色咖哩醬和阿魏粉。無需添加鹽，湯塊中的含鹽量已足夠！

★ 等湯煮滾後，轉小火繼續煮 15 分鐘，偶爾攪拌一下。熬煮完成前 10 分鐘，加入椰奶，並在最後加入芫荽。

★ 將湯靜置數小時。

★ 食用前重新加熱。

鄉村小路 | CHEMINS DE CAMPAGNE / COUNTRY ROADS
莧籽甜椒湯

 3人份　 準備時間：10分鐘　 烹調時間：30分鐘

食材

1 顆紅洋蔥
3 大匙橄欖油
½ 大匙酥油
3 顆完整的甜椒
100 公克莧籽
1 片生薑（厚約 4 公分）
1 塊蔬菜濃縮湯塊
2 小匙薑黃粉
½ 小匙阿魏粉
1 小撮胡椒粉
數顆乳酪球

作法

★ 在平底鍋裡放入橄欖油和酥油，並將切成片的洋蔥炒至金黃色。

★ 將甜椒洗淨並切成塊狀。

★ 將甜椒、湯塊和 750 毫升過濾水，放入平底鍋中，再加入莧籽。攪拌後，加入磨好的生薑泥、薑黃粉、胡椒粉和阿魏粉。無需添加鹽，湯塊中的含鹽量已足夠！

★ 等湯煮滾後，轉小火繼續煮 30 分鐘，偶爾攪拌一下。

★ 待蔬菜湯稍涼後，用手持式電動攪拌棒將湯中食材稍微打碎，保留一些蔬菜塊。將湯靜置數小時。

★ 食用前重新加熱，再放入乳酪球。

童年的香味
綠蘆筍豌豆咖哩湯

 3人份　 準備時間：10　 烹調時間：30分鐘

食材

1 顆洋蔥
1 瓣大蒜（切碎或切成薄片）
3 大匙橄欖油
1 條櫛瓜
1 把綠蘆筍
100 公克豌豆
1 片生薑（厚約 4 公分）
½ 小匙阿魏粉
1 塊蔬菜濃縮湯塊
1 小匙綠色泰國咖哩醬
1 根香茅
半把羅勒
數顆乳酪球

作法

★ 在平底鍋裡放入橄欖油，並將切成片的洋蔥和蒜末，炒至金黃色。

★ 洗淨所有蔬菜，需要去皮的蔬菜先削好。將蔬菜切成塊狀。

★ 將所有蔬菜、湯塊和 750 毫升過濾水，放入平底鍋中。攪拌後，
加入磨好的生薑泥、香茅、咖哩醬和阿魏粉。無需添加鹽，湯塊
中的含鹽量已足夠！

★ 等湯煮滾後，轉小火繼續煮 20 至 30 分鐘，偶爾攪拌一下。熬煮
完成前 5 分鐘，加入羅勒，並取出香茅。

★ 待蔬菜湯稍涼後，用手持式電動攪拌棒將湯中食材稍微打碎，保
留一些蔬菜塊。將湯靜置數小時。

★ 食用前重新加熱，再放入乳酪球。

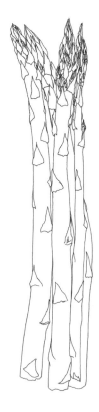

心輪

在我心中 | DANS MON CŒUR / IN MY HEART
紅蘿蔔紅扁豆咖哩湯

 4人份　　 準備時間：10分鐘　　 烹調時間：40分鐘

食材

1 顆洋蔥
1 瓣大蒜（切碎或切成薄片）
2 大匙橄欖油
½ 大匙酥油
1 條櫛瓜
1 條紅蘿蔔
半顆白花椰菜
130 公克紅扁豆
1 片生薑（厚約 4 公分）
1 片薑黃（厚約 4 公分）
數片新鮮或乾燥的咖哩葉
½ 小匙阿魏粉
1 塊蔬菜濃縮湯塊
3 小匙咖哩粉

作法

★ 在平底鍋裡放入橄欖油和酥油，並將切成片的洋蔥和蒜末，炒至金黃色。

★ 洗淨所有蔬菜，需要去皮的蔬菜先削好。將蔬菜切成塊狀。

★ 將所有蔬菜、湯塊和 1 公升過濾水，放入平底鍋中。攪拌後，加入磨好的生薑泥和薑黃泥、咖哩葉、咖哩粉和阿魏粉。無需添加鹽，湯塊中的含鹽量已足夠！

★ 等湯煮滾後，轉小火繼續煮 40 分鐘，偶爾攪拌一下。

★ 待蔬菜湯稍涼後，用手持式電動攪拌棒將湯中食材稍微打碎，保留一些蔬菜塊。將湯靜置數小時。

★ 食用前重新加熱。

在你心中 | DANS TON CŒUR / IN YOUR HEART
青花菜鷹嘴豆椰奶湯

 3人份　 準備時間：10~15分鐘　 烹調時間：25分鐘

食材

1 顆洋蔥
1 瓣大蒜（切碎或切成薄片）
3 大匙自行選擇的有機植物油
半顆青花菜
2 條櫛瓜
180 公克熟鷹嘴豆
1 片生薑（厚約 4 公分）
1 片薑黃（厚約 4 公分）
半把芫荽
½ 小匙阿魏粉
1 塊蔬菜濃縮湯塊
½ 小匙綠色泰國咖哩醬
200 毫升椰奶

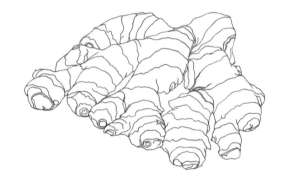

作法

★ 在平底鍋裡放入植物油，並將切成片的洋蔥和蒜末，炒至金黃色。

★ 洗淨所有蔬菜，需要去皮的蔬菜先削好。將蔬菜切成塊狀。

★ 將所有蔬菜、湯塊和 1 公升過濾水，放入平底鍋中。攪拌後，加入磨好的生薑泥和薑黃泥、咖哩醬和阿魏粉。無需添加鹽，湯塊中的含鹽量已足夠！

★ 等湯煮滾後，轉小火繼續煮 25 分鐘，偶爾攪拌一下。熬煮完成前 10 分鐘，加入芫荽和椰奶。

★ 待蔬菜湯稍涼後，用手持式電動攪拌棒將湯中食材稍微打碎，再加入鷹嘴豆。將湯靜置數小時。

★ 食用前重新加熱。

歌唱著 | EN CHANTANT / SINGING ALONG
綠蘆筍黃扁豆香料湯

 3人份　　 準備時間：10分鐘　　 烹調時間：25分鐘

食材

1 顆洋蔥
1 瓣大蒜（切碎或切成薄片）
2 大匙自行選擇的有機植物油
½ 大匙酥油
1 把綠蘆筍
100 公克豌豆
130 公克黃扁豆
1 片生薑（厚約 4 公分）
½ 小匙阿魏粉
1 塊蔬菜濃縮湯塊
2~3 小匙柯爾瑪綜合香料粉

作法

★ 在平底鍋裡放入植物油和酥油，並將切成片的洋蔥和蒜末，炒至金黃色。

★ 洗淨所有蔬菜，將綠蘆筍切成丁狀。

★ 將綠蘆筍、豌豆、湯塊和 750 毫升過濾水，放入平底鍋中，再加入黃扁豆。攪拌後，加入磨好的生薑泥和薑黃泥、香料粉和阿魏粉。無需添加鹽，湯塊中的含鹽量已足夠！

★ 等湯煮滾後，轉小火繼續煮 25 分鐘，偶爾攪拌一下。

★ 待蔬菜湯稍涼後，用手持式電動攪拌棒將湯中食材稍微打碎，保留一些蔬菜塊。將湯靜置數小時。

★ 食用前重新加熱。

夏日 | ÉTÉ / SUMMER
豌豆藜麥微辣湯

 3人份　　 準備時間：10分鐘　　 烹調時間：20分鐘

食材

1 顆紅洋蔥
1 瓣大蒜（切碎或切成薄片）
2 大匙橄欖油
½ 大匙酥油
3 顆圓櫛瓜
150 公克豌豆
100 公克藜麥
2 根香茅
½ 小匙阿魏粉
1 塊蔬菜濃縮湯塊
1 小把羅勒
1 小撮胡椒粉
1 大條乾燥紅辣椒

作法

★ 在平底鍋裡放入橄欖油和酥油，並將切成片的洋蔥和蒜末，炒至金黃色。

★ 洗淨所有蔬菜。將圓櫛瓜切成塊狀。

★ 將圓櫛瓜、豌豆、湯塊和 750 毫升過濾水，放入平底鍋中，再加入藜麥。攪拌後，再加入胡椒粉、紅辣椒、香茅和阿魏粉。無需添加鹽，湯塊中的含鹽量已足夠！

★ 等湯煮滾後，轉小火繼續煮 20 分鐘，偶爾攪拌一下。熬煮完成前 5 分鐘，取出香茅和紅辣椒。

★ 待蔬菜湯稍涼後，用手持式電動攪拌棒將湯中食材稍微打碎，保留一些蔬菜塊。將湯靜置數小時。

★ 食用前重新加熱。

利他主義 豌豆綠扁豆椰奶湯

 3 人份　　 準備時間：10分鐘　　 烹調時間：30分鐘

食材

3 根帶長莖的青蔥
2 大匙自行選擇的有機植物油
½ 大匙酥油
1 條櫛瓜
150 公克綠扁豆
150 公克豌豆
1 片生薑（厚約 4 公分）
1 片薑黃（厚約 4 公分）

½ 小匙阿魏粉
1 塊蔬菜濃縮湯塊
2 小匙綠色泰國咖哩醬
1 根香茅
數片新鮮或乾燥的咖哩葉
半把芫荽
250 毫升椰奶

作法

★ 在平底鍋裡放入植物油和酥油，並將切成段的青蔥炒至金黃色。

★ 洗淨所有蔬菜。將櫛瓜切成塊狀。

★ 將櫛瓜、豌豆、湯塊和 750 毫升過濾水，放入平底鍋中，再加綠入扁豆。攪拌
　後，加入磨好的生薑泥和薑黃泥、香茅、咖哩葉、咖哩醬和阿魏粉。無需添加
　鹽，湯塊中的含鹽量已足夠！

★ 等湯煮滾後，轉小火繼續煮 30 分鐘，偶爾攪拌一下。熬煮完成前 10 分鐘，加
　入椰奶和芫荽，並取出香茅。

★ 待蔬菜湯稍涼後，用手持式電動攪拌棒將湯中食材稍微打碎，保留一些蔬菜塊。
　將湯靜置數小時。

★ 食用前重新加熱，可再放上數片芫荽葉。

動中之靜 IMMOBILITÉ DYNAMIQUE / DYNAMIC STILLNESS
莧籽櫛瓜豌豆湯

 3人份　 準備時間：10分鐘　烹調時間：20分鐘

食材

1 瓣大蒜（切碎或切成薄片）
2 大匙橄欖油
½ 大匙酥油
100 公克莧籽
100 公克豌豆
2 條櫛瓜
2 根完整的韭蔥
1 片生薑（厚約 4 公分）
半把芫荽
½ 小匙阿魏粉
2 塊蔬菜濃縮湯塊
1 小撮胡椒粉

作法

★ 在平底鍋裡放入橄欖油和酥油，並將蒜末炒至金黃色。

★ 洗淨所有蔬菜並切成塊狀。

★ 將所有蔬菜、湯塊和 750 毫升過濾水，放入平底鍋中，再加入莧籽。攪拌後，
加入磨好的生薑泥、胡椒和阿魏粉。無需添加鹽，湯塊中的含鹽量已足夠！

★ 等湯煮滾後，轉小火繼續煮 20 分鐘，偶爾攪拌一下。熬煮完成前 5 分鐘，加
入芫荽。

★ 待蔬菜湯稍涼後，用手持式電動攪拌棒將湯中食材稍微打碎，保留一些蔬菜塊。
將湯靜置數小時。

★ 食用前重新加熱。

擁抱  | ÉTREINTE / HUG
青花菜防風草根濃湯

 3人份　 準備時間：10分鐘　烹調時間：30分鐘

食材

1 顆洋蔥
1 瓣大蒜（切碎或切成薄片）
½ 大匙酥油
3 大匙橄欖油
1 條防風草根（歐洲蘿蔔）
1 顆大的青花菜
1 片生薑（厚約 4 公分）
1 片薑黃（厚約 4 公分）
½ 小匙阿魏粉
1 塊蔬菜濃縮湯塊
1 小撮胡椒粉
磨碎的帕瑪森乳酪

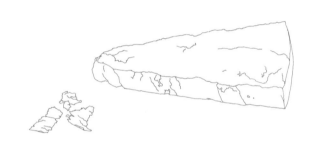

作法

★ 在平底鍋裡放入油，再將切成片的洋蔥和蒜末，炒至金黃色。

★ 洗淨所有蔬菜，需要去皮的蔬菜先削好。將蔬菜切成塊狀。

★ 將所有蔬菜、湯塊和 750 毫升過濾水，放入平底鍋中。攪拌後，加入磨好的生薑泥和薑黃泥、胡椒粉和阿魏粉。無需添加鹽，湯塊中的含鹽量已足夠！

★ 等湯煮滾後，轉小火繼續煮 30 分鐘，偶爾攪拌一下。

★ 待蔬菜湯稍涼後，用手持式電動攪拌棒將湯打成泥狀。將湯靜置數小時。

★ 食用前重新加熱，再撒上一些磨碎的帕瑪森乳酪。

家鄉 FOYER / HOME
菠菜紅扁豆椰奶湯

 4人份　　 準備時間：10~15分鐘　　烹調時間：30分鐘

食材

1 顆紅洋蔥
½ 大匙酥油
2 大匙橄欖油
100 公克紅扁豆
300 公克菠菜
100 公克豌豆
1 片生薑（厚約 4 公分）
1 片薑黃（厚約 4 公分）
½ 小匙阿魏粉
1 塊蔬菜濃縮湯塊
2 小匙綠色泰國咖哩醬
250 毫升椰奶

作法

★ 在平底鍋裡放入橄欖油和酥油，再將切成片的洋蔥炒至金黃色。

★ 洗淨所有蔬菜。

★ 將所有蔬菜、湯塊和 750 毫升過濾水，放入平底鍋中，再加入紅扁豆。攪拌後，加入磨好的生薑泥和薑黃泥、綠色咖哩醬和阿魏粉。無需添加鹽，湯塊中的含鹽量已足夠！

★ 等湯煮滾後，轉小火繼續煮 30 分鐘，偶爾攪拌一下。熬煮完成前 10 分鐘，加入椰奶。

★ 待蔬菜湯稍涼後，用手持式電動攪拌棒將湯中食材稍微打碎，保留一些蔬菜塊。將湯靜置數小時。

★ 食用前重新加熱。

你和我 | TOI ET MOI / ME AND YOU
洋蔥豌豆濃湯

 4人份　　 準備時間：10分鐘　　 烹調時間：40分鐘

食材

1 顆洋蔥
½ 大匙酥油
2 大匙橄欖油
200 公克豌豆
1 片生薑（厚約 4 公分）
½ 小匙阿魏粉
1 塊蔬菜濃縮湯塊
2~3 片月桂葉
豆腐泥
半把韭菜

作法

★ 在平底鍋裡放入橄欖油和酥油，再將切成片的洋蔥炒至金黃色。

★ 將豌豆、湯塊和1公升過濾水，放入平底鍋中。攪拌後，加入磨好的生薑泥、
　 數片月桂葉和阿魏粉。無需添加鹽，湯塊中的含鹽量已足夠！

★ 等湯煮滾後，轉小火繼續煮 40 分鐘，偶爾攪拌一下。

★ 待蔬菜湯稍涼後，用手持式電動攪拌棒將湯打成泥狀。將湯靜置數小時。

★ 食用前重新加熱。放 2 至 3 大匙的豆腐泥溶於湯中，可使口感更加濃郁，並灑
　 上點韭菜碎末。

我愛這樣
羅勒櫛瓜濃湯

 3人份　　 準備時間：10分鐘　　 烹調時間：15分鐘

食材

1 顆洋蔥
3 大匙橄欖油
1 把羅勒
4 條櫛瓜
1 片生薑（厚約 4 公分）
½ 小匙阿魏粉
1 塊蔬菜濃縮湯塊
1 小匙薑黃粉
1 小撮胡椒粉

作法

★ 在平底鍋裡放入橄欖油，並將切成片的洋蔥炒至金黃色。

★ 將櫛瓜洗淨並切成塊狀。

★ 將櫛瓜、湯塊和 750 毫升過濾水，放入平底鍋中。攪拌後，加入磨好的生薑泥、薑黃粉、胡椒和阿魏粉。無需添加鹽，湯塊中的含鹽量已足夠！

★ 等湯煮滾後，轉小火繼續煮 15 分鐘，偶爾攪拌一下。熬煮完成前 5 分鐘，加入羅勒。

★ 蔬菜待湯稍涼後，用手持式電動攪拌棒將湯打成泥狀。
　將湯靜置數小時。

★ 食用前重新加熱。

感受自己的心

SENTIR TON PROPRE CŒUR /
FEELING YOUR OWN HEART

茴香根紅扁豆椰奶湯

 2人份　　 準備時間：10分鐘　　 烹調時間：20分鐘

食材

4 根帶長莖的青蔥

1 瓣大蒜（切碎或切成薄片）

½ 大匙酥油

1 小匙黑芥末籽

1 小匙孜然籽

1 小匙芫荽籽

1 小匙葫蘆巴籽

100 公克紅扁豆

1 條黃瓜

1 塊茴香根

1 片生薑（厚約 4 公分）

1 片薑黃（厚約 4 公分）

½ 小匙阿魏粉

1 塊蔬菜濃縮湯塊

1 小匙薑黃粉

1 小匙綠色泰國咖哩醬

1 根香茅

200 毫升椰奶

半把羅勒

作法

★ 在平底鍋裡放入酥油，並將切成段的青蔥、香料籽和蒜末，炒至金黃色。

★ 洗淨所有蔬菜，需要去皮的蔬菜先削好。將蔬菜切成塊狀。

★ 將茴香、湯塊和 500 毫升過濾水，放入平底鍋中，再加入紅扁豆。攪拌後，加入磨好的生薑泥和薑黃泥、綠色咖哩醬、香茅、薑黃粉和阿魏粉。無需添加鹽，湯塊中的含鹽量已足夠！

★ 等湯煮滾後，轉小火繼續煮 20 分鐘，偶爾攪拌一下。熬煮完成前 10 分鐘，加入椰奶和羅勒，並取出香茅。

★ 待蔬菜湯稍涼後，用手持式電動攪拌棒將湯中食材稍微打碎，保留一些蔬菜碎塊。放入黃瓜塊。將湯靜置數小時。

★ 食用前重新加熱。

溫柔降服 DOUX ABANDON / SWEET SURRENDER
根芹菜綠扁豆椰奶咖哩濃湯

 4人份　　 準備時間：10分鐘　　　烹調時間：40分鐘

食材

1 顆洋蔥

½ 大匙酥油

1 小匙黑芥末籽

1 小匙孜然籽

1 小匙芫荽籽

1 小匙葫蘆巴籽

150 公克乾燥綠扁豆

1 小顆根芹菜

1 片生薑（厚約 4 公分）

½ 小匙阿魏粉

1 塊蔬菜濃縮湯塊

3 小匙柯爾瑪綜合香料粉

2 小匙咖哩粉

2 小匙薑黃粉

1 小匙綠色泰國咖哩醬

200 毫升椰奶

數片新鮮或乾燥的咖哩葉

作法

★ 在平底鍋裡放入酥油，並將切成片的洋蔥和香料籽，炒至金黃色。

★ 將根芹菜洗淨、削去外皮，並切成塊狀。

★ 將根芹菜、湯塊和 1 公升過濾水，放入平底鍋中，再加入綠扁豆。攪拌後，加入磨好的生薑泥、咖哩葉、柯爾瑪綜合香料粉、咖哩粉、咖哩醬、薑黃粉和阿魏粉。無需添加鹽，湯塊中的含鹽量已足夠！

★ 等湯煮滾後，轉小火繼續煮 40 分鐘，偶爾攪拌一下。熬煮完成前 10 分鐘，加入椰奶。

★ 待蔬菜湯稍涼後，用手持式電動攪拌棒將湯打成泥狀。將湯靜置數小時。

★ 食用前重新加熱。

我即圓滿 | JE SUIS ENTIER / I AM WHOLE
洋蔥豌豆微辣濃湯

 2人份　　 準備時間：10分鐘　　 烹調時間：20分鐘

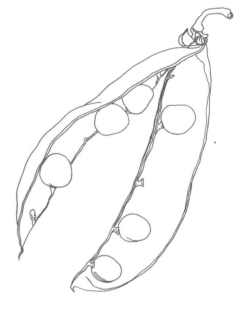

食材

1 顆洋蔥
1 大匙酥油
1 大匙橄欖油
500 公克豌豆
1 片生薑（厚約 2 公分）
½ 小匙阿魏粉
½ 小匙薑黃粉
1 塊蔬菜濃縮湯塊
半把羅勒
1 小撮胡椒粉
1 大條乾燥紅辣椒
豆腐泥

作法

★ 在平底鍋裡放入橄欖油和酥油，並將切成片的洋蔥炒至金黃色。

★ 加入湯塊和 500 毫升過濾水，再加入豌豆。攪拌後，加入磨好的生薑泥、紅辣椒、胡椒粉、薑黃粉和阿魏粉。無需添加鹽，湯塊中的含鹽量已足夠！

★ 等湯煮滾後，轉小火繼續煮 20 分鐘，偶爾攪拌一下。熬煮完成前 10 分鐘，加入一半的羅勒，並取出紅辣椒。

★ 待蔬菜湯稍涼後，用手持式電動攪拌棒將湯打成泥狀。將湯靜置數小時。

★ 食用前重新加熱。放 2 至 3 大匙的豆腐泥溶於湯中，可使湯更加濃郁，並加上數片羅勒葉。

5

喉輪

喉輪使我們翱翔於蔚藍的天空中,變得強大且具包容性。這是文藝復興時期畫家採用的藍,亦如聖母散發出的光輝藍。

在廚房裡,我們創作出:以櫛瓜或紅扁豆來突顯捲心菜,新鮮洋蔥來搭配蕪菁,黑豆混搭豌豆⋯⋯經由蔚藍天空所刻劃出的情感,總是能帶出一種全新的體驗。

延伸至天空 SÉTIRER VERS LE CIEL / STRETCHING TO THE SKY
黑豆藜麥香料湯

 3人份　　 準備時間：10分鐘　　烹調時間：30分鐘

食材

1 顆洋蔥
1 瓣大蒜（切碎或切成薄片）
3 大匙橄欖油
2 條櫛瓜
1 條紅蘿蔔
100 公克黑豆（已煮熟或已浸泡 24 小時）
200 公克豌豆
100 公克藜麥
1 片生薑（厚約 4 公分）
½ 小匙阿魏粉
2 塊蔬菜濃縮湯塊
3 小匙北非綜合香料粉
數顆乳酪球

作法

★ 在平底鍋裡放入橄欖油，並將切成片的洋蔥和蒜末，
　 炒至金黃色。

★ 洗淨所有蔬菜，需要去皮的蔬菜先削好。將蔬菜切成
　 塊狀狀。

★ 放入所有蔬菜、湯塊和1公升過濾水，放入平底鍋中，
　 再加入藜麥。攪拌後，加入北非綜合香料粉和阿魏
　 粉。無需添加鹽，湯塊中的含鹽量已足夠！

★ 等湯煮滾後，轉小火繼續煮 30 分鐘，偶爾攪拌一下。

★ 將湯靜置數小時。

★ 食用前重新加熱，再加上數顆乳酪球。

雨後  APRÈS LA PLUIE / AFTER THE RAIN
紅蘿蔔櫛瓜玉米椰奶湯

 3人份　　準備時間：10分鐘　　烹調時間：30分鐘

食材

1 顆洋蔥

1 瓣大蒜（切碎或切成薄片）

1 大匙酥油

1 小匙孜然籽

2 條櫛瓜

2 條紅蘿蔔

半顆小的紫甘藍

100 公克玉米粒

½ 小匙阿魏粉

1 塊蔬菜濃縮湯塊

1 塊馬撒拉綜合香料湯塊

1 片生薑（厚約 4 公分）

1 片薑黃（厚約 4 公分）

數片新鮮或乾燥的咖哩葉

200 毫升椰奶

半把芫荽

作法

★ 在平底鍋裡放入酥油，並將切成片的洋蔥、蒜末和孜然籽，炒至金黃色。

★ 洗淨所有蔬菜，需要去皮的蔬菜先削好。將蔬菜切成塊狀。

★ 將所有蔬菜、兩種湯塊和 750 毫升過濾水，放入平底鍋中。攪拌後，加入磨好的生薑泥和薑黃泥、咖哩葉和阿魏粉。無需添加鹽，湯塊中的含鹽量已足夠！

★ 等湯煮滾後，轉小火繼續煮 20 至 30 分鐘，偶爾攪拌一下。熬煮完成前 10 分鐘，加入芫荽和椰奶。

★ 待蔬菜湯稍涼後，用手持式電動攪拌棒將湯中食材稍微打碎，保留一些蔬菜塊。將湯靜置數小時。

★ 食用前重新加熱。

原諒 | PARDON / FORGIVENESS
花椰菜豌豆微辣湯

 4人份　　 準備時間：10分鐘　　 烹調時間：25分鐘

食材

1 顆洋蔥
1 瓣大蒜（切碎或切成薄片）
3 大匙橄欖油
1 條櫛瓜
200 公克豌豆
半顆白花椰菜
½ 小匙阿魏粉
2 塊蔬菜濃縮湯塊
½ 小匙百里香
1 小撮胡椒粉
½ 小匙紅辣椒粉
半把韭菜

作法

★ 在平底鍋裡放入橄欖油，並將切成片的洋蔥和蒜末，炒至金黃色。

★ 洗淨所有蔬菜，需要去皮的蔬菜先削好。將蔬菜切成塊狀。

★ 將所有蔬菜、湯塊和 1 公升過濾水，放入平底鍋中。攪拌後，再加入百里香、
　 胡椒粉、紅辣椒粉和阿魏粉。無需添加鹽，湯塊中的含鹽量已足夠！

★ 等湯煮滾後，轉小火繼續煮 20 至 30 分鐘，偶爾攪拌一下。

★ 待蔬菜湯稍涼後，用手持式電動攪拌棒將湯中食材稍微打碎，保留一些蔬菜塊。
　 將湯靜置數小時。

★ 食用前重新加熱，再撒上一些切碎的韭菜。

冬季感受 | SENSATION D'HIVER / WINTER FEELING
豌豆黃扁豆微辣湯

 3人份　　 準備時間：10分鐘　　 烹調時間：25分鐘

食材

1 顆紅洋蔥

1 瓣大蒜（切碎或切成薄片）

2 大匙橄欖油

半顆紫甘藍

1 條櫛瓜

100 公克豌豆

120 公克黃扁豆

1 片生薑（厚約 3 公分）

1 片薑黃（厚約 4 公分）

½ 小匙阿魏粉

1 塊蔬菜濃縮湯塊

2~3 片月桂葉

1 小撮胡椒粉

1 小撮紅辣椒粉

半把芫荽

數塊菲達乳酪（視個人需要）

作法

★ 在平底鍋裡放入橄欖油，並將切成片的洋蔥和蒜末，炒至金黃色。

★ 洗淨所有蔬菜，需要去皮的蔬菜先削好。將蔬菜切成塊狀。

★ 將所有蔬菜、湯塊和 750 毫升過濾水，放入平底鍋中，再加入黃扁豆。攪拌後，再加入胡椒粉、紅辣椒粉、月桂葉、磨好的生薑泥和薑黃泥、阿魏粉。無需添加鹽，湯塊中的含鹽量已足夠！

★ 等湯煮滾後，轉小火繼續煮 20 分鐘，偶爾攪拌一下。熬煮完成前 5 分鐘，加入芫荽。

★ 待蔬菜湯稍涼後，用手持式電動攪拌棒將湯中食材稍微打碎，保留一些蔬菜塊。將湯靜置數小時。

★ 食用前重新加熱，再撒上一些切碎的菲達乳酪。

彷彿一抹微笑 | COMME UN SOURIRE / LIKE A SMILE
菠菜紅扁豆香料湯

 2人份　　 準備時間：15分鐘　　 烹調時間：30分鐘

食材

1 顆紅洋蔥
1 瓣大蒜（切碎或切成薄片）
2 大匙橄欖油
½ 大匙酥油
150 公克紅扁豆
350 公克菠菜
1 片生薑（厚約 4 公分）
½ 小匙阿魏粉
1 塊蔬菜濃縮湯塊
1 塊馬撒拉綜合香料湯塊
2~3 小匙柯爾瑪綜合香料粉

作法

★ 在平底鍋裡放入橄欖油和酥油，再放入切成片的洋蔥和蒜末，炒至金黃色。

★ 洗淨所有蔬菜。

★ 將菠菜、兩種湯塊和 500 毫升過濾水，放入鍋中，再加入紅扁豆。攪拌後，加入磨好的生薑泥、柯爾瑪綜合香料粉和阿魏粉。無需添加鹽，湯塊中的含鹽量已足夠！

★ 等湯煮滾後，轉小火繼續煮 30 分鐘，偶爾攪拌一下。

★ 將湯靜置數小時。

★ 食用前重新加熱。

內在呼吸 | SOUFFLE INTÉRIEUR / INNER BREATH
圓櫛瓜蕪菁椰奶湯

 3人份　　 準備時間：10分鐘　　 烹調時間：40分鐘

食材

1 根帶長莖的青蔥　　　　　　　1 片生薑（厚約 4 公分）
1 顆紅洋蔥　　　　　　　　　　1 片薑黃（厚約 4 公分）
1 瓣大蒜（切碎或切成薄片）　　½ 小匙阿魏粉
2 大匙橄欖油　　　　　　　　　1 塊蔬菜濃縮湯塊
½ 大匙酥油　　　　　　　　　　2 小匙咖哩粉
100 公克切碎的豌豆　　　　　　2 根香茅
2 顆圓櫛瓜　　　　　　　　　　250 毫升椰奶
2 顆蕪菁　　　　　　　　　　　半把芫荽
半條紅甜椒

作法

★ 在平底鍋裡放入橄欖油和酥油，並將切成片的洋蔥、切成段的青蔥
　 和蒜末，炒至金黃色。

★ 洗淨所有蔬菜，需要去皮的蔬菜先削好。將蔬菜切成塊狀。

★ 將所有蔬菜、湯塊和 750 毫升過濾水，放入平底鍋中。攪拌後，加
　 入磨好的生薑泥和薑黃泥、咖哩粉、阿魏粉和香茅。無需添加鹽，
　 湯塊中的含鹽量已足夠！

★ 等湯煮滾後，轉小火繼續煮 40 分鐘，偶爾攪拌一下。熬煮完成前 10
　 分鐘，加入芫荽和椰奶。取出香茅。

★ 待蔬菜湯稍涼後，用手持式電動攪拌棒將湯中食材稍微打碎，保留
　 一些蔬菜塊。將湯靜置數小時。

★ 食用前重新加熱。

咒語 MANTRA
青蔥黃瓜辣椰奶湯

 2人份　　 準備時間：10分鐘　　 烹調時間：15分鐘

食材

2 根帶長莖的青蔥
1 大匙酥油
1 條黃瓜
1 條厚實的青辣椒（墨西哥辣椒）
1 片生薑（厚約 4 公分）
1 片薑黃（厚約 4 公分）
½ 小匙阿魏粉
2 塊蔬菜濃縮湯塊
數片新鮮或乾燥的咖哩葉
250 毫升椰奶
半把芫荽

作法

★ 在平底鍋裡放入酥油，並將切成段的青蔥炒至金黃色。
★ 將所有蔬菜洗淨並切成塊狀。
★ 將所有蔬菜、湯塊和 250 毫升過濾水，放入平底鍋中。攪拌後，加入磨好的生
　薑泥和薑黃泥、咖哩葉和阿魏粉。無需添加鹽，湯塊中的含鹽量已足夠！
★ 等湯煮滾後，轉小火繼續煮 15 至 20 分鐘，偶爾攪拌一下。熬煮完成前 10 分鐘，
　加入芫荽和椰奶。將湯靜置數小時。
★ 食用前建議可利用煮米飯的蒸氣同步加熱。

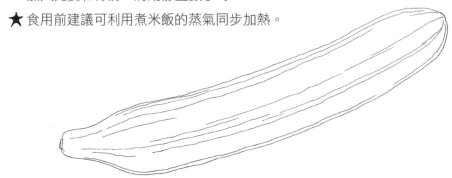

窩心呢喃 | DOUX MURMURE / SWEET WHISPER
櫛瓜地瓜濃湯

 2人份　 準備時間：10分鐘　 烹調時間：20分鐘

食材

1 顆紅洋蔥
1 瓣大蒜（切碎或切成薄片）
½ 大匙酥油
3 大匙橄欖油
1 小顆地瓜
1 顆茴香根
2 條櫛瓜
1 片生薑（厚約 4 公分）
1 片薑黃（厚約 4 公分）
½ 小匙阿魏粉
1 塊蔬菜濃縮湯塊
1 小撮胡椒粉
1 小撮百里香
豆腐泥

作法

★ 在平底鍋裡放入橄欖油和酥油，再將切成片的洋蔥和蒜末，炒至金黃色。

★ 洗淨所有蔬菜，需要去皮的蔬菜先削好。將蔬菜切成塊狀。

★ 將所有蔬菜、湯塊和 500 毫升過濾水，放入平底鍋中。攪拌後，加入磨好的生薑泥和薑黃泥、胡椒粉、阿魏粉和百里香。無需添加鹽，湯塊中的含鹽量已足夠！

★ 等湯煮滾後，轉小火繼續煮 20 分鐘，偶爾攪拌一下。

★ 待蔬菜湯稍涼後，用攪拌器在鍋裡將湯打成至泥狀。將湯靜置數小時。

★ 食用前重新加熱。放 2 至 3 大匙的豆腐泥溶於湯中，可使口感更加濃郁。

我即永恆 | JE SUIS L'INFINI / I AM INFINITE
綠蘆筍地瓜微辣濃湯

 2人份　　 準備時間：10分鐘　　 烹調時間：20分鐘

食材

1 顆紅洋蔥
1 瓣大蒜（切碎或切成薄片）
½ 大匙酥油
3 大匙橄欖油
1 把綠蘆筍
1 顆地瓜
1 片生薑（厚約 4 公分）
1 片薑黃（厚約 4 公分）
½ 小匙阿魏粉
1 塊蔬菜濃縮湯塊
1 小撮胡椒粉
1 小撮辣椒粉

作法

★ 在平底鍋裡放入橄欖油和酥油，再將切成片的洋蔥和蒜末，炒至金黃色。

★ 洗淨所有蔬菜，需要去皮的蔬菜先削好。將蔬菜切成塊狀。

★ 將所有蔬菜、湯塊和 500 毫升過濾水，放入平底鍋中。攪拌後，加入磨好的生薑泥和薑黃泥、胡椒粉、辣椒粉和阿魏粉。無需添加鹽，湯塊中的含鹽量已足夠！

★ 等湯煮滾後，轉小火繼續煮 20 分鐘，偶爾攪拌一下。

★ 待蔬菜湯稍涼後，用手持式電動攪拌棒將湯打成泥狀。 將湯靜置數小時。

★ 食用前重新加熱。

旋律 MÉLODIE / MELODY
根芹菜綠扁豆香料湯

 4人份　　 準備時間：10分鐘　　 烹調時間：40分鐘

食材

1 顆紅洋蔥

½ 大匙酥油

2 大匙橄欖油

1 小匙芫荽籽

1 小匙黑芥末籽

1 小匙孜然籽

150 公克乾燥綠扁豆

半顆根芹菜

1 顆圓櫛瓜

1 片生薑（厚約 4 公分）

1 片薑黃（厚約 4 公分）

½ 小匙阿魏粉

1 塊蔬菜濃縮湯塊

數片新鮮或乾燥的咖哩葉

數塊菲達乳酪

作法

★ 在平底鍋裡放入橄欖油和酥油，並將切成片的洋蔥和香料籽，炒至金黃色。

★ 洗淨所有蔬菜，需要去皮的蔬菜先削好。將蔬菜切成塊狀。

★ 將所有蔬菜、湯塊和 1 公升過濾水，放入平底鍋中，再加入綠扁豆。攪拌後，再加入生薑片、磨好的薑黃泥、咖哩葉和阿魏粉。無需添加鹽，湯塊中的含鹽量已足夠！

★ 等湯煮滾後，轉小火繼續煮 40 分鐘，偶爾攪拌一下。

★ 待蔬菜湯稍涼後，用手持式電動攪拌棒將湯中食材稍微打碎，保留一些蔬菜塊。將湯靜置數小時。

★ 食用前重新加熱，再放入一些切碎的菲達乳酪。

擁抱 ÉTREINTE / EMBRACE
圓櫛瓜豌豆濃湯

 4人份　　準備時間：10分鐘　　烹調時間：40分鐘

食材

1 顆紅洋蔥

½ 大匙酥油

2 大匙橄欖油

1 小匙芫荽籽

1 小匙孜然籽

150 公克切碎的豌豆

1 根芹菜莖

1 顆圓櫛瓜

150 公克橄欖鑲辣椒

1 片生薑（厚約 4 公分）

1 片薑黃（厚約 4 公分）

½ 小匙阿魏粉

1 塊蔬菜濃縮湯塊

豆腐泥

作法

★ 在平底鍋裡放入橄欖油和酥油，再將切成片的洋蔥和香料籽，炒至金黃色。

★ 洗淨所有蔬菜，需要去皮的蔬菜先削好。從芹菜的根部起，切下約 15 公分長、最嫩的莖部；剩餘的部分留下來烹煮其他菜餚。將蔬菜切成塊狀或段狀。

★ 將所有蔬菜、湯塊和 1 公升過濾水，放入平底鍋中，再加入切碎的豌豆。攪拌後，加入磨好的生薑泥和薑黃泥、阿魏粉。無需添加鹽，湯塊中的含鹽量已足夠！

★ 等湯煮滾後，轉小火繼續煮 40 分鐘，偶爾攪拌一下。熬煮完成前 10 分鐘，加入切成片的橄欖。

★ 待蔬菜湯稍涼後，用手持式電動攪拌棒將湯打成泥狀。將湯靜置數小時。

★ 食用前重新加熱。放 2 至 3 大匙的豆腐泥溶於湯中，可使口感更加濃郁。

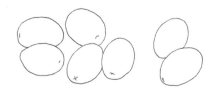

漫步沙灘上

豌豆綠扁豆微辣湯

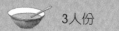 3人份　 準備時間：10分鐘　 烹調時間：30分鐘

食材

1 顆洋蔥　　　　　　　　　　　1 片生薑（厚約 4 公分）
½ 大匙酥油　　　　　　　　　　1 片薑黃（厚約 4 公分）
2 大匙橄欖油　　　　　　　　　½ 小匙阿魏粉
150 公克綠扁豆　　　　　　　　1 塊蔬菜濃縮湯塊
1 根芹菜莖　　　　　　　　　　1 大條乾燥紅辣椒
1 顆櫛瓜　　　　　　　　　　　3 片月桂葉
150 公克熟豌豆　　　　　　　　數塊燻豆腐或菲達乳酪

作法

★ 在平底鍋裡放入橄欖油和酥油，並將切成片的洋蔥炒至金黃色。

★ 洗淨所有蔬菜，需要去皮的蔬菜先削好。從芹菜的根部起，切下約 15 公分長、
最嫩的莖部；剩餘的部分留下來烹煮其他菜餚。將蔬菜切成塊狀。

★ 除了豌豆外，將其他蔬菜、湯塊和 750 毫升過濾水，放入平底鍋中，再加入綠
扁豆。攪拌後，加入磨好的生薑泥和薑黃泥、紅辣椒、月桂葉和阿魏粉。無需
添加鹽，湯塊中的含鹽量已足夠！

★ 等湯煮滾後，轉小火繼續煮 30 分鐘，偶爾攪拌一下。取出紅辣椒。

★ 待蔬菜湯稍涼後，取出月桂葉。用手持式電動攪拌棒將湯中食材稍微打碎，保
留一些蔬菜塊。加入豌豆後，將湯靜置數小時。

★ 食用前重新加熱，再放入些許小豆腐塊或菲達乳酪。

冥想 MÉDITATION / MEDITATION
櫛瓜綠扁豆微辣香料湯

 4人份　　 準備時間：10分鐘　　烹調時間：40分鐘

食材

1 顆洋蔥

1 瓣大蒜（切碎或切成薄片）

½ 大匙酥油

2 大匙橄欖油

1 小匙黑芥末籽

1 小匙孜然籽

1 小匙芫荽籽

150 公克乾燥綠扁豆

3 條普通大小的櫛瓜

1 顆茴香根

1 片生薑（厚約 4 公分）

1 片薑黃（厚約 4 公分）

½ 小匙阿魏粉

1 塊蔬菜濃縮湯塊

3 小匙柯爾瑪綜合香料粉

1 大條乾燥紅辣椒

2 根香茅

數片新鮮或乾燥的咖哩葉

半把芫荽

作法

★ 在平底鍋裡放入橄欖油和酥油，並將切成片的洋蔥、蒜末和香料籽，炒至金黃色。

★ 洗淨所有蔬菜，需要去皮的蔬菜先削好。將蔬菜切成塊狀。

★ 將所有蔬菜、湯塊和 1 公升過濾水，放入平底鍋中，再加入綠扁豆。攪拌後，加入磨好的生薑泥和薑黃泥、柯爾瑪綜合香料粉、紅辣椒、香茅、咖哩葉和阿魏粉。無需添加鹽，湯塊中的含鹽量已足夠！

★ 等湯煮滾後，轉小火繼續煮 40 分鐘，偶爾攪拌一下。熬煮完成前 5 分鐘，取出紅辣椒和香茅。

★ 待蔬菜湯稍涼後，用手持式電動攪拌棒將湯中食材稍微打碎，保留一些蔬菜塊。將湯靜置數小時。

★ 食用前重新加熱。

小種籽 | PETITES GRAINES / LITTLE SEEDS
芹菜綠扁豆香料湯

 4人份　　 準備時間：10分鐘　　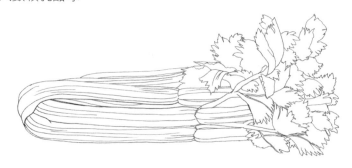 烹調時間：40分鐘

食材

4 根帶長莖的青蔥

1 大匙酥油

2 大匙芝麻油

1 小匙黑芥末籽

1 小匙孜然籽

1 小匙芫荽籽

180 公克乾燥綠扁豆

1 根芹菜莖

1 片生薑（厚約 4 公分）

1 片薑黃，厚約 3 公分

½ 小匙阿魏粉

1 塊蔬菜濃縮湯塊

數片新鮮或乾燥的咖哩葉

數顆乳酪球

作法

★ 在平底鍋裡放入芝麻油和酥油，並將切成段的青蔥和香料籽，炒至金黃色。

★ 從芹菜的根部起，切下約 15 公分長、最嫩的莖部；剩餘的部分留下來烹煮其他菜餚。將芹菜切成段狀。

★ 將芹菜、湯塊和 1 公升過濾水，放入平底鍋中，再加入綠扁豆。攪拌後，加入磨好的生薑泥和薑黃泥、咖哩葉和阿魏粉。無需添加鹽，湯塊中的含鹽量已足夠！

★ 等湯煮滾後，轉小火繼續煮 40 分鐘，偶爾攪拌一下。

★ 待蔬菜湯稍涼後，用手持式電動攪拌棒將湯中食材稍微打碎，保留一些蔬菜塊。將湯靜置數小時。

★ 食用前重新加熱，再放入數顆乳酪球。

感謝恩寵 | BÉNÉDICTIONS / BLESSINGS
黃瓜豌豆微辣椰奶湯

 2人份　 準備時間：10分鐘　 烹調時間：20分鐘

食材

1 顆洋蔥
½ 大匙酥油
1 小匙黑芥末籽
1 小匙孜然籽
1 小匙芫荽籽
1 小匙葫蘆巴籽
100 公克紅扁豆
150 公克豌豆
1 條黃瓜

1 條普通大小的櫛瓜
1 片生薑（厚約 4 公分）
1 片薑黃（厚約 4 公分）
½ 小匙阿魏粉
1 塊蔬菜濃縮湯塊
1 根香茅
1 大條乾燥紅辣椒
200 毫升椰奶
半把羅勒

作法

★ 在平底鍋裡放入酥油，並將切成片的洋蔥和香料籽，炒至金黃色。

★ 所有蔬菜洗淨，並切成塊狀。

★ 將櫛瓜、豌豆、湯塊和 500 毫升過濾水，放入平底鍋中，再加入紅
　扁豆。攪拌後，加入磨好的生薑泥和薑黃泥、紅辣椒、香茅和阿魏
　粉。無需添加鹽，湯塊中的含鹽量已足夠！

★ 等湯煮滾後，轉小火繼續煮 20 分鐘，偶爾攪拌一下。熬煮完成前 10
　分鐘，加入椰奶、黃瓜和羅勒，並取出香茅和辣椒。

★ 待蔬菜湯稍涼後，用手持式電動攪拌棒將湯中食材稍微打碎，保留
　一些蔬菜塊。將湯靜置數小時。

★ 食用前重新加熱。

3

6

眉心輪

如果你曾經在沙漠中或沙灘上睡覺,應該體驗過黑夜的靛藍色是如何地迷惑人心。那是一種讓人感覺幽深靜謐,難以言喻的永恆美。

如何在湯品中呈現夜色般的藍?加入甜菜、綠扁豆、捲心菜和菠菜……只需要閉上眼睛,依循直覺的引導就可以了。

內在看法 | VISION INTÉRIEURE / INNER VISION
青花菜黑豆香料湯

 4人份　　 準備時間：10分鐘　　 烹調時間：40分鐘

食材

1 根帶長莖的青蔥
1 瓣大蒜（切碎或切成薄片）
1 大匙酥油
半顆青花菜
半顆甜椒
150 公克黑豆
1 片生薑（厚約 4 公分）
1 片薑黃（厚約 4 公分）
1 塊蔬菜濃縮湯塊
1 塊馬撒拉綜合香料湯塊
½ 小匙阿魏粉
半把芫荽
豆腐泥

作法

★ 在平底鍋裡放入酥油，並將切成段的青蔥和蒜末，炒至金黃色。

★ 將所有蔬菜洗淨，並切成塊狀。

★ 將所有蔬菜、兩種湯塊和 1 公升過濾水，放入平底鍋中。攪拌後，加入磨好的
生薑泥和薑黃泥、阿魏粉。無需添加鹽，湯塊中的含鹽量已足夠！

★ 等湯煮滾後，轉小火繼續煮 30 至 45 分鐘，偶爾攪拌一下。熬煮完成前 5 分鐘，
加入芫荽。

★ 待蔬菜湯稍涼後，用手持式電動攪拌棒將湯中食材稍微打碎，保留一些蔬菜塊。
將湯靜置數小時。

★ 食用前重新加熱，再加上一些豆腐泥。

內在美 BEAUTÉ INTÉRIEURE / INNER BEAUTY
蕪菁鷹嘴豆香料濃湯

 3人份　　 準備時間：10分鐘　　烹調時間：20分鐘

食材

1 顆洋蔥
1 瓣大蒜（切碎或切成薄片）
2 大匙橄欖油
½ 大匙酥油
3 條櫛瓜
4 小顆蕪菁
100 公克熟鷹嘴豆
1 片生薑（厚約 4 公分）
½ 小匙阿魏粉
1 塊蔬菜濃縮湯塊
3 小匙柯爾瑪綜合香料粉
數片新鮮或乾燥的咖哩葉
半把芫荽

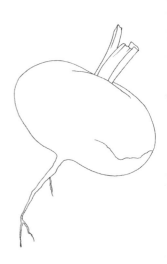

作法

★ 在平底鍋裡放入橄欖油和酥油，再將切成片的洋蔥和蒜末，炒至金黃色。

★ 洗淨所有蔬菜，需要去皮的蔬菜先削好。將蔬菜切成塊狀。

★ 將所有蔬菜、湯塊和 750 毫升過濾水，放入平底鍋中。攪拌後，加入磨好的生薑泥和薑黃泥、柯爾瑪綜合香料粉、咖哩葉和阿魏粉。無需添加鹽，湯塊中的含鹽量已足夠！

★ 等湯煮滾後，轉小火繼續煮 20 分鐘，偶爾攪拌一下。熬煮完成前 5 分鐘，加入芫荽。

★ 待蔬菜湯稍涼後，用手持式電動攪拌棒將湯打成泥狀。加入鷹嘴豆。將湯靜置數小時。

★ 食用前重新加熱。

真誠 SINCÉRITÉ / SINCERITY
菠菜馬鈴薯椰奶湯

 3人份　　 準備時間：10~15分鐘　　烹調時間：25分鐘

食材

1 顆紅洋蔥
1 大匙酥油
1 條櫛瓜
300 公克菠菜
2 小顆馬鈴薯
80 公克紅扁豆
1 片生薑（厚約 4 公分）
½ 小匙阿魏粉
1 塊蔬菜濃縮湯塊
1 塊馬撒拉綜合香料湯塊
數片新鮮或乾燥的咖哩葉
1 根香茅
1 小匙薑黃粉
250 毫升椰奶

作法

★ 在平底鍋裡放入酥油，再將切成片的洋蔥炒至金黃色。

★ 洗淨所有蔬菜，需要去皮的蔬菜先削好。將蔬菜切成塊狀。

★ 將所有蔬菜、湯塊和 750 毫升過濾水，放入平底鍋中，再加入紅扁豆。攪拌後，
　加入磨好的生薑泥、薑黃粉、咖哩葉、阿魏粉和切成兩段的香茅。無需添加鹽，
　湯塊中的含鹽量已足夠！

★ 等湯煮滾後，轉小火繼續煮 25 分鐘，偶爾攪拌一下。熬煮完成前 10 分鐘，加
　入椰奶，並取出香茅。將湯靜置數小時。

★ 食用前重新加熱。

平衡 | ÉQUILIBRE / BALANCE
番茄櫛瓜綠扁豆湯

 3人份　　 準備時間：10分鐘　　 烹調時間：30分鐘

食材

3 根帶長莖的青蔥
2 大匙橄欖油
½ 大匙酥油
150 公克綠扁豆
2 小條櫛瓜
半顆厚實的牛番茄
1 片生薑（厚約 4 公分）
1 片薑黃（厚約 4 公分）

½ 小匙阿魏粉
1 塊蔬菜濃縮湯塊
1 小撮胡椒粉
2~3 片月桂葉
義大利香醋
（Vinaigre balsamique）
半把韭菜

作法

★ 在平底鍋裡放入橄欖油和酥油，並將切成段的青蔥炒至金黃色。

★ 洗淨所有蔬菜，需要去皮的蔬菜先削好。將蔬菜切成塊狀。

★ 將蔬菜、湯塊和 750 毫升過濾水，放入平底鍋中，再加入綠扁豆。
　 攪拌後，加入磨好的生薑泥和薑黃泥、胡椒粉、阿魏粉和月桂葉。
　 無需添加鹽，湯塊中的含鹽量已足夠！

★ 等湯煮滾後，轉小火繼續煮 30 分鐘，偶爾攪拌一下。

★ 取出月桂葉。 將湯靜置數小時。

★ 食用前重新加熱，再加入少許橄欖油、義大利香醋和切碎的韭菜。

寂靜 | SILENCE
紫甘藍藜麥微辣湯

 3人份　　 準備時間：10~15分鐘　　 烹調時間：25分鐘

食材

3 根帶長莖的青蔥
3 大匙橄欖油
半顆紫甘藍
半顆青花菜
100 公克藜麥
½ 小匙阿魏粉
1 片生薑（厚約 4 公分）
1 塊蔬菜濃縮湯塊
1 小撮胡椒粉
1 大條乾燥紅辣椒
1 小撮百里香
少許橄欖油
磨碎的帕瑪森乳酪

作法

★ 在平底鍋裡放入油，再將切成段的青蔥炒至金黃色。

★ 將所有蔬菜洗淨並切成塊狀。

★ 將所有蔬菜、湯塊和 750 毫升過濾水，放入平底鍋中，再加入藜麥。攪拌後，
　 加入磨好的生薑泥、胡椒粉、紅辣椒、阿魏粉和百里香。無需添加鹽，湯塊中
　 的含鹽量已足夠！

★ 等湯煮滾後，轉小火繼續煮 20 分鐘，偶爾攪拌一下。 將湯靜置數小時。

★ 食用前重新加熱，再撒上一些磨碎的帕瑪森乳酪和少許橄欖油。

閉眼內觀

FERME LES YEUX ET REGARDE / CLOSE YOUR EYES AND SEE

菠菜鷹嘴豆椰奶湯

 3人份　 準備時間：10分鐘　 烹調時間：30分鐘

食材

1 顆洋蔥
1 瓣大蒜（切碎或切成薄片）
2 大匙橄欖油
½ 大匙酥油
250 公克菠菜
1 條紅蘿蔔
100 公克熟鷹嘴豆
1 片生薑（厚約 4 公分）
½ 小匙阿魏粉
1 塊蔬菜濃縮湯塊
2 小匙馬薩拉咖哩粉
數片新鮮或乾燥的咖哩葉
半把芫荽
200 毫升椰奶

作法

★ 在平底鍋裡放入橄欖油和酥油，並將切成片的洋蔥和蒜末，炒至金黃色。

★ 洗淨所有蔬菜，需要去皮的蔬菜先削好。將蔬菜切成塊狀。

★ 將所有蔬菜、湯塊和 750 毫升過濾水，放入平底鍋中。攪拌後，加入磨好的生薑泥、馬薩拉咖哩粉、咖哩葉和阿魏粉。無需添加鹽，湯塊中的含鹽量已足夠！

★ 等湯煮滾後，轉小火繼續煮 20 分鐘，偶爾攪拌一下。熬煮完成前 10 分鐘，加入芫荽、鷹嘴豆和椰奶。

★ 將湯靜置數小時。

★ 食用前重新加熱。

甦醒   ÉVEILLÉ / AWAKEN
黃瓜黃扁豆辣椰奶湯

 2人份　準備時間：10分鐘　烹調時間：30分鐘

食材

1 顆洋蔥
1 瓣大蒜（切碎或切成薄片）
1 大匙酥油
100 公克黃扁豆
1 條厚實的青辣椒（墨西哥辣椒）
1 條櫛瓜
1 條黃瓜
1 片生薑（厚約 4 公分）
1 片薑黃（厚約 4 公分）
½ 小匙阿魏粉
1 塊蔬菜濃縮湯塊
250 毫升椰奶

作法

★ 在平底鍋裡放入酥油，並將切成片的洋蔥和蒜末，炒至金黃色。

★ 將所有蔬菜洗淨並切成塊狀。

★ 除了黃瓜外，將其他蔬菜、湯塊和 500 毫升過濾水，放入平底鍋中，再加入黃扁豆。攪拌後，加入磨好的生薑泥和薑黃泥、阿魏粉。無需添加鹽，湯塊中的含鹽量已足夠！

★ 等湯煮滾後，轉小火繼續煮 30 分鐘，偶爾攪拌一下。熬煮完成前 10 分鐘，加入椰奶、黃瓜塊。將湯靜置數小時。

★ 食用前重新加熱。

淨化 | NETTOYAGE / CLEANSING
菠菜香料濃湯

 2~3人份　　 準備時間：10~15分鐘　　 烹調時間：20分鐘

食材

1 顆洋蔥
1 根芹菜莖
1 公斤菠菜
½ 大匙酥油
1 片生薑（厚約 4 公分）
1 片薑黃（厚約 4 公分）
½ 小匙阿魏粉
1 塊蔬菜濃縮湯塊
3 小匙柯爾瑪綜合香料粉
數片新鮮或乾燥的咖哩葉
半把芫荽
豆腐泥

作法

★ 在平底鍋裡放入酥油，再將切成片的洋蔥炒至金黃色。

★ 將所有蔬菜洗淨。從芹菜的根部起，切下約 15 公分長、最嫩的莖部；剩餘的部分留下來烹煮其他菜餚。將芹菜切成段狀。

★ 將所有蔬菜、湯塊和 500 毫升過濾水，放入平底鍋中。攪拌後，加入磨好的生薑泥和薑黃泥、綜合香料粉、咖哩葉和阿魏粉。無需添加鹽，湯塊中的含鹽量已足夠！

★ 等湯煮滾後，轉小火繼續煮 20 分鐘，偶爾攪拌一下。

★ 待蔬菜湯稍涼後，用手持式電動攪拌棒將湯打成泥狀。將湯靜置數小時。

★ 食用前重新加熱，再撒上一些芫荽。放 2 至 3 大匙的豆腐泥溶於湯中，可使口感更加濃郁。

永無止盡 | SANS FIN / ENDLESS
菠菜南瓜椰奶湯

 2~3人份　　 準備時間：10~15分鐘　　 烹調時間：20分鐘

食材

1 顆洋蔥
1 大匙酥油
500 公克菠菜
1 片南瓜
1 顆馬鈴薯
1 片生薑（厚約 4 公分）

1 片薑黃（厚約 4 公分）
½ 小匙阿魏粉
1 塊蔬菜濃縮湯塊
數片新鮮或乾燥的咖哩葉
1 小匙黃色泰國咖哩醬
250 毫升椰奶

作法

★ 在平底鍋裡放入酥油，再將切成片的洋蔥炒至金黃色。

★ 洗淨所有蔬菜，需要去皮的蔬菜先削好。將南瓜和馬鈴薯切成塊狀。

★ 將所有蔬菜、湯塊和 500 毫升過濾水，放入平底鍋中。攪拌後，加入磨好的生薑泥和薑黃泥、咖哩葉、咖哩醬和阿魏粉。無需添加鹽，湯塊中的含鹽量已足夠！

★ 等湯煮滾後，轉小火繼續煮 20 至 25 分鐘，偶爾攪拌一下。熬煮完成前 10 分鐘，加入椰奶。

★ 將湯靜置數小時。

★ 食用前重新加熱。

猶如太陽 | COMME LE SOLEIL / LIKE THE SUN
菠菜玉米椰奶湯

 2人份　　 準備時間：10~15分鐘　　 烹調時間：20分鐘

食材

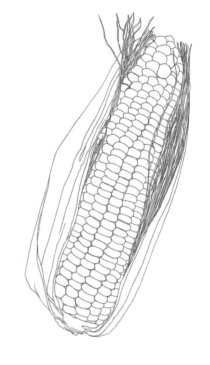

1 顆洋蔥

1 大匙酥油

1 小匙芫荽籽

1 小匙黑芥末籽

1 小匙孜然籽

1 小匙葫蘆巴籽

400 公克菠菜

100 公克熟玉米

100 公克熟豌豆

1 片生薑（厚約 4 公分）

1 小匙薑黃粉

½ 小匙阿魏粉

1 塊蔬菜濃縮湯塊

1 小匙綠色泰國咖哩醬

200 毫升椰奶

作法

★ 在平底鍋裡放入酥油，再將切成片的洋蔥和香料籽，炒至金黃色。

★ 洗淨菠菜。

★ 將菠菜、湯塊和 500 毫升過濾水，放入平底鍋中。攪拌後，加入磨好的生薑泥、薑黃粉、咖哩醬和阿魏粉。無需添加鹽，湯塊中的含鹽量已足夠！

★ 等湯煮滾後，轉小火繼續煮 15 分鐘，偶爾攪拌一下。熬煮完成前 5 分鐘，加入椰奶、豌豆和玉米。將湯靜置數小時。

★ 食用前重新加熱。

唯二 | SEULEMENT DEUX / JUST TWO
蕪菁黃扁豆辣香料濃湯

 4人份　　 準備時間：10分鐘　　 烹調時間：30分鐘

食材

1 顆洋蔥
1 大匙酥油
1 小匙黑芥末籽
1 小匙孜然籽
1 小匙芫荽籽
140 公克黃扁豆
5 顆蕪菁
1 片生薑（厚約 4 公分）

1 片薑黃（厚約 4 公分）
½ 小匙阿魏粉
1 塊蔬菜濃縮湯塊
1 塊馬撒拉綜合香料湯塊
2 大條乾燥紅辣椒
數片新鮮或乾燥的咖哩葉
半把芫荽

作法

★ 在平底鍋裡放入酥油，再將切成片的洋蔥和香料籽，炒至金黃色。

★ 將蕪菁洗淨、削去外皮，並切成塊狀。

★ 將蕪菁、湯塊和 1 公升過濾水，放入平底鍋中，再加入黃扁豆。攪拌後，加入磨好的生薑泥和薑黃泥、咖哩葉、紅辣椒和阿魏粉。無需添加鹽，湯塊中的含鹽量已足夠！

★ 等湯煮滾後，轉小火繼續煮 30 分鐘，偶爾攪拌一下。熬煮完成前 5 分鐘，加入芫荽。取出紅辣椒。

★ 待蔬菜湯稍涼後，用手持式電動攪拌棒將湯打成泥狀。將湯靜置數小時。

★ 食用前重新加熱。

深層療癒 | GUÉRISON PROFONDE / DEEP HEALING
青花菜綠扁豆香料濃湯

 4人份　 準備時間：10分鐘　 烹調時間：40分鐘

食材

1 顆洋蔥

½ 大匙酥油

1 小匙黑芥末籽

1 小匙孜然籽

1 小匙芫荽籽

1 小匙葫蘆巴籽

180 公克乾燥綠扁豆

1 顆青花菜

1 片生薑（厚約 4 公分）

1 片薑黃（厚約 4 公分）

½ 小匙阿魏粉

1 塊蔬菜濃縮湯塊

1 小匙薑黃粉

1 小匙羅望子醬

1 根香茅

半把芫荽

作法

★ 在平底鍋裡放入酥油，並將切成片的洋蔥和香料籽，炒至金黃色。

★ 將青花菜洗淨並切成塊狀。

★ 將青花菜、湯塊和 1 公升過濾水，放入平底鍋中，再加入綠扁豆。攪拌後，加入磨好的生薑泥和薑黃泥、薑黃粉、羅望子醬和阿魏粉。無需添加鹽，湯塊中的含鹽量已足夠！

★ 等湯煮滾後，轉小火繼續煮 40 分鐘，偶爾攪拌一下。熬煮完成前 5 分鐘，加入芫荽。

★ 待蔬菜湯稍涼後，用手持式電動攪拌棒將湯打成泥狀。將湯靜置數小時。

★ 食用前重新加熱，可再加上幾片芫荽葉點綴。

憐憫 | COMPASSION
蕪菁綠扁豆椰奶濃湯

 3人份　　 準備時間：10分鐘　　 烹調時間：40分鐘

食材

1 顆洋蔥　　　　　　　　　　　1 片生薑（厚約 4 公分）
½ 大匙酥油　　　　　　　　　　1 片薑黃（厚約 4 公分）
1 小匙黑芥末籽　　　　　　　　½ 小匙阿魏粉
1 小匙孜然籽　　　　　　　　　1 塊蔬菜濃縮湯塊
1 小匙芫荽籽　　　　　　　　　數片新鮮或乾燥的咖哩葉
1 小匙葫蘆巴籽　　　　　　　　200 毫升椰奶
150 公克乾燥綠扁豆　　　　　　1 小匙羅望子醬
2 顆蕪菁　　　　　　　　　　　1 小撮胡椒粉

作法

★ 在平底鍋裡放入酥油，再將切成片的洋蔥和香料籽，炒至金黃色。

★ 將蕪菁洗淨、削去外皮，並切成塊狀。

★ 將蕪菁、湯塊和 750 毫升過濾水，放入平底鍋中，再加入綠扁豆。攪拌後，加入磨好的生薑泥和薑黃泥、咖哩葉、胡椒粉、羅望子醬和阿魏粉。無需添加鹽，湯塊中的含鹽量已足夠！

★ 等湯煮滾後，轉小火繼續煮 40 分鐘，偶爾攪拌一下。熬煮完成前 10 分鐘，加入椰奶。

★ 待蔬菜湯稍涼後，用手持式電動攪拌棒將湯打成泥狀。將湯靜置數小時。

★ 食用前重新加熱。

人道精神
櫛瓜鷹嘴豆濃湯

 3人份　 準備時間：10分鐘　 烹調時間：20分鐘

食材

2 根帶長莖的青蔥

½ 大匙酥油

2 大匙橄欖油

半顆青花菜

2 條淺綠色櫛瓜

200 公克熟鷹嘴豆

1 片生薑（厚約 4 公分）

½ 小匙阿魏粉

1 塊蔬菜濃縮湯塊

1 小撮胡椒粉

1 小撮百里香

半把薄荷

磨碎的帕瑪森乳酪

數顆乳酪球

作法

★ 在平底鍋裡放入橄欖油和酥油，再將切成段的青蔥炒至金黃色。

★ 洗淨所有蔬菜。將青花菜、櫛瓜切成塊狀。

★ 將所有蔬菜、湯塊和 750 毫升過濾水，放入平底鍋中。攪拌後，加入磨好的生薑泥和薑黃泥、阿魏粉和百里香。無需添加鹽，湯塊中的含鹽量已足夠！

★ 等湯煮滾後，轉小火繼續煮 20 分鐘，偶爾攪拌一下。

★ 待蔬菜湯稍涼後，用手持式電動攪拌棒將湯打成泥狀，再加入鷹嘴豆。將湯靜置數小時。

★ 食用前重新加熱，再放上乳酪球和數片薄荷葉，撒上磨碎的帕瑪森乳酪。

ॐ

7

頂輪

白色和紫色使我們敞開內心深處。我們追求白色，就如同我們勇於朝向
更偉大的真理，而得以提升。閃閃發亮的白光星，就如同身穿潔白嫁衣
的新娘。

白花椰菜、椰奶、豆腐、茴香、芹菜……形成無數的可能性！

此時此地 | ICI ET MAINTENANT / HERE AND NOW
莧籽根芹菜濃湯

 2人份　　 準備時間：10分鐘　　 烹調時間：20分鐘

食材

1 顆洋蔥
1 瓣大蒜（切碎或切成薄片）
3 大匙橄欖油
½ 大匙酥油
1 小顆根芹菜
1 條櫛瓜
100 公克莧籽
1 片生薑（厚約 4 公分）
1 片薑黃（厚約 4 公分）
½ 小匙阿魏粉
2 塊蔬菜濃縮湯塊
磨碎的帕瑪森乳酪

作法

★ 在平底鍋裡放入橄欖油和酥油，再將切成片的洋蔥和蒜末，炒至金黃色。

★ 洗淨所有蔬菜，需要去皮的蔬菜先削好。將蔬菜切成塊狀。

★ 將所有蔬菜、湯塊和 500 毫升過濾水，放入平底鍋中，再加入莧籽。攪拌後，
　加入磨好的生薑泥和薑黃泥、阿魏粉。無需添加鹽，湯塊中的含鹽量已足夠！

★ 等湯煮滾後，轉小火繼續煮 20 分鐘，偶爾攪拌一下。

★ 待蔬菜湯稍涼後，用手持式電動攪拌棒將湯打成泥狀。將湯靜置數小時。

★ 食用前重新加熱，撒上一些磨碎的帕瑪森乳酪。

頂輪變奏曲 | SAHASRARA VARIATION #1
紫甘藍綠扁豆椰奶湯

 4人份　 準備時間：10分鐘　 烹調時間：40分鐘

食材

1 顆洋蔥
1 或 2 瓣大蒜
（切碎或切成薄片）
1 大匙酥油
2 條櫛瓜
2 條紅蘿蔔
半顆甜椒
半顆紫甘藍
150 公克乾燥綠扁豆

1 小匙薑黃粉
數片新鮮或乾燥的咖哩葉
1 片生薑（厚約 4 公分）
1 小匙綠色泰式咖哩醬
½ 小匙阿魏粉
1 塊蔬菜濃縮湯塊
250 毫升椰奶
半把芫荽

作法

★ 在平底鍋裡放入酥油，並將切成片的洋蔥和蒜末，炒至金黃色。

★ 洗淨所有蔬菜，需要去皮的蔬菜先削好。將蔬菜切成塊狀。

★ 將所有蔬菜、湯塊和 1 公升過濾水，放入平底鍋中，再加入乾燥綠扁豆。攪拌後，加入磨好的生薑泥和薑黃泥、咖哩醬、咖哩葉和阿魏粉。無需添加鹽，湯塊中的含鹽量已足夠！

★ 等湯煮滾後，轉小火繼續煮 20 分鐘，偶爾攪拌一下。倒入椰奶後，再熬煮 15 分鐘。烹調完成前 5 分鐘，加入新鮮芫荽。

★ 將湯靜置數小時。

★ 食用前重新加熱。

直到結束 | JUSQU'À LA FIN / UNTIL THE END
櫛瓜鷹嘴豆香料湯

 4人份　　 準備時間：10分鐘　　 烹調時間：40分鐘

食材

1 顆洋蔥
1 瓣大蒜（切碎或切成薄片）
2 大匙橄欖油
1 大匙酥油
2 條櫛瓜
1 顆蕪菁
150 公克乾燥綠扁豆
150 公克熟鷹嘴豆

1 片生薑（厚約 4 公分）
1 片薑黃（厚約 4 公分）
數片新鮮或乾燥的咖哩葉
½ 小匙阿魏粉
1 塊蔬菜濃縮湯塊
2 小匙山巴南印度綜合香料
半把芫荽

作法

★ 在平底鍋裡放入橄欖油和酥油，並將切成片的洋蔥和蒜末，炒至金黃色。

★ 洗淨所有蔬菜，需要去皮的蔬菜先削好。將蔬菜切成塊狀。

★ 將所有蔬菜、湯塊和 1 公升過濾水，放入平底鍋中，再加入綠扁豆。攪拌後，加入磨好的生薑泥和薑黃泥、山巴南印度綜合香料、咖哩葉和阿魏粉。無需添加鹽，湯塊中的含鹽量已足夠！

★ 等湯煮滾後，轉小火繼續煮 30 至 40 分鐘，偶爾攪拌一下。熬煮完成前 10 分鐘，加入芫荽和鷹嘴豆。

★ 待蔬菜湯稍涼後，用手持式電動攪拌棒將湯中食材稍微打碎，保留一些蔬菜塊。將湯靜置數小時。

★ 食用前重新加熱。

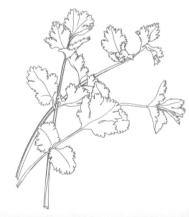

輪迴 | SAMSARA
蕪菁豌豆咖哩濃湯

 2~3人份　　 準備時間：10分鐘　　 烹調時間：25分鐘

食材

1 顆洋蔥

1 瓣大蒜（切碎或切成薄片）

3~4 大匙橄欖油

1 顆馬鈴薯

100 公克豌豆

5 顆蕪菁

1 片生薑（厚約 4 公分）

1 片薑黃（厚約 4 公分）

½ 小匙阿魏粉

1 塊蔬菜濃縮湯塊

1 塊馬撒拉綜合香料湯塊

數片新鮮或乾燥的咖哩葉

3 小匙咖哩粉

豆腐泥

作法

★ 在平底鍋裡放入橄欖油，並將切成片的洋蔥和蒜末，炒至金黃色。

★ 洗淨所有蔬菜，需要去皮的蔬菜先削好。將蔬菜切成塊狀。

★ 將所有蔬菜、兩種湯塊和 750 毫升過濾水，放入平底鍋中。攪拌後，加入磨好的生薑泥和薑黃泥、咖哩粉、咖哩葉和阿魏粉。無需添加鹽，湯塊中的含鹽量已足夠！

★ 等湯煮滾後，轉小火繼續煮 25 分鐘，偶爾攪拌一下。

★ 待蔬菜湯稍涼後，用手持式電動攪拌棒將湯打成泥狀。將湯靜置數小時。

★ 食用前重新加熱。放 2 至 3 大匙的豆腐泥溶於湯中，可使口感更加濃郁。

幸福 | BONHEUR / BLISS
紅蘿蔔豌豆香料湯

 4人份　 準備時間：10分鐘　準備 烹調時間：30分鐘

食材

1 顆洋蔥	1 片生薑（厚約 4 公分）
1 瓣大蒜（切碎或切成薄片）	1 片薑黃（厚約 4 公分）
1 大匙酥油	半把芫荽
1 小匙孜然籽	½ 小匙阿魏粉
2 顆蕪菁	2 塊馬撒拉綜合香料湯塊
3 條小紅蘿蔔	數片新鮮或乾燥的咖哩葉
1 顆大馬鈴薯	2 小匙山巴南印度綜合香料
150 公克豌豆	數塊菲達乳酪

作法

★ 在平底鍋裡放入酥油，再將切成片的洋蔥、蒜末和孜然籽，炒至金黃色。

★ 洗淨所有蔬菜，需要去皮的蔬菜先削好。將蔬菜切成塊狀。

★ 將所有蔬菜、湯塊和 1 公升過濾水，放入平底鍋中。攪拌後，加入磨好的生薑泥和薑黃泥、山巴南印度綜合香料、咖哩葉和阿魏粉。無需添加鹽，湯塊中的含鹽量已足夠！

★ 等湯煮滾後，轉小火繼續煮 30 分鐘，偶爾攪拌一下。熬煮完成前 10 分鐘，加入芫荽。

★ 待蔬菜湯稍涼後，用手持式電動攪拌棒將湯中食材稍微打碎，保留一些蔬菜塊。將湯靜置數小時。

★ 食用前重新加熱，再灑上一些菲達乳酪碎片。

佚名 SANS NOM / THE NAMELESS
綠蘆筍馬鈴薯微辣椰奶湯

 3人份　　 準備時間：10分鐘　　烹調時間：20分鐘

食材

1 顆洋蔥

1 瓣大蒜（切碎或切成薄片）

2 大匙橄欖油

½ 大匙酥油

1 顆馬鈴薯

一把綠蘆筍

半顆黃甜椒

1 片生薑（厚約 4 公分）

1 小匙薑黃粉

½ 小匙阿魏粉

1 塊蔬菜濃縮湯塊

1 小撮胡椒粉

1 大條乾燥紅辣椒

250 毫升椰奶

半把芫荽

作法

★ 在平底鍋裡放入橄欖油和酥油，並將切成片的洋蔥和蒜末，炒至金黃色。

★ 洗淨所有蔬菜，需要去皮的蔬菜先削好。將蔬菜切成塊狀。

★ 將所有蔬菜、湯塊和 750 毫升過濾水，放入平底鍋中。攪拌後，加入磨好的生薑泥、薑黃粉、胡椒粉、紅辣椒和阿魏粉。無需添加鹽，湯塊中的含鹽量已足夠！

★ 等湯煮滾後，轉小火繼續煮 20 分鐘，偶爾攪拌一下。熬煮完成前 5 分鐘，加入椰奶、芫荽。取出紅辣椒。

★ 待蔬菜湯稍涼後，用手持式電動攪拌棒將湯中食材稍微打碎，保留一些蔬菜塊。將湯靜置數小時。

★ 食用前重新加熱，再撒上數片芫荽葉。

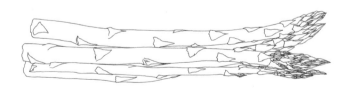

恩典 GRACE / GRACE
花椰菜紅蘿蔔濃湯

 3人份　　 準備時間：10分鐘　　 烹調時間：20分鐘

食材

3 根帶長莖的青蔥
1 瓣大蒜（切碎或切成薄片）
2 大匙橄欖油
1 小匙孜然籽
1 小顆地瓜
半顆白花椰菜
3 條紅蘿蔔
1 片生薑（厚約 4 公分）
½ 小匙阿魏粉
1 塊蔬菜濃縮湯塊
3 小匙咖哩粉
半把韭菜

作法

★ 在平底鍋裡放入橄欖油，再將切成段的青蔥、蒜末和孜然籽，炒至金黃色。

★ 洗淨所有蔬菜，需要去皮的蔬菜先削好。將蔬菜切成塊狀。

★ 將所有蔬菜、湯塊和 750 毫升過濾水，放入平底鍋中。攪拌後，加入磨好的生薑泥、咖哩粉和阿魏粉。無需添加鹽，湯塊中的含鹽量已足夠！

★ 等湯煮滾後，轉小火繼續煮 20 分鐘，偶爾攪拌一下。

★ 待蔬菜湯稍涼後，用手持式電動攪拌棒將湯打成泥狀。將湯靜置數小時。

★ 食用前重新加熱，再撒上一些切碎的韭菜。

如此剛好 | IL EST ARRIVÉ QUE...... / IT SO HAPPENED
圓櫛瓜紅蘿蔔微辣濃湯

 2人份　 準備時間：10分鐘　烹調時間：20分鐘

食材

4 根帶長莖的青蔥
3 大匙橄欖油
1 條紅蘿蔔
2 顆圓櫛瓜
½ 小匙阿魏粉
1 塊蔬菜濃縮湯塊
1 小撮胡椒粉
1 大條乾燥紅辣椒
半把羅勒
數顆乳酪球

作法

★ 在平底鍋裡放入橄欖油，再將切成段的青蔥炒至金黃色。

★ 洗淨所有蔬菜，需要去皮的蔬菜先削好。將蔬菜切成塊狀。

★ 將所有蔬菜、湯塊和 500 毫升過濾水，放入平底鍋中。攪拌後，再加入紅辣椒、胡椒粉和阿魏粉。無需添加鹽，湯塊中的含鹽量已足夠！

★ 等湯煮滾後，轉小火繼續煮 20 分鐘，偶爾攪拌一下。熬煮完成前 5 分鐘，加入羅勒。取出紅辣椒。

★ 待蔬菜湯稍涼後，用手持式電動攪拌棒將湯打成泥狀。將湯靜置數小時。

★ 食用前重新加熱，再加上乳酪球，並依個人喜好撒上數片羅勒葉。

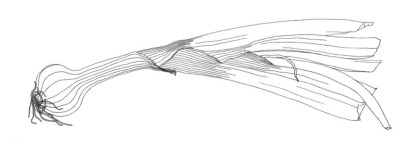

返家 | RETOUR À LA MAISON / COMING HOME
黃蕪菁大麥微辣湯

 3人份　　 準備時間：10分鐘　　 烹調時間：25分鐘

食材

1 顆洋蔥
1 瓣大蒜（切碎或切成薄片）
3 大匙橄欖油
80 公克大麥
2 顆圓櫛瓜
3 顆黃蕪菁
2 條紅蘿蔔
1 片生薑（厚約 4 公分）
½ 小匙阿魏粉
1 塊蔬菜濃縮湯塊
1 小撮辣椒粉
1 小撮胡椒粉
半把韭菜

作法

★ 在平底鍋裡放入橄欖油，再將切成片的洋蔥和蒜末，炒至金黃色。

★ 洗淨所有蔬菜，需要去皮的蔬菜先削好。將蔬菜切成塊狀。

★ 將所有蔬菜、湯塊和 750 毫升過濾水，放入平底鍋中，再加入 80 公克大麥。攪拌後，加入磨好的生薑泥、胡椒粉、辣椒粉和阿魏粉。無需添加鹽，湯塊中的含鹽量已足夠！

★ 等湯煮滾後，轉小火繼續煮 30 分鐘，偶爾攪拌一下。

★ 將湯靜置數小時。

★ 食用前重新加熱，再撒上一些切碎的韭菜和少許橄欖油。

憶起印度 SOUVENIRS D'INDE / REMEMBERING INDIA
花椰菜綠扁豆咖哩湯

 4人份　　 準備時間：10分鐘　　 烹調時間：40分鐘

食材

1 顆洋蔥

1 瓣大蒜（切碎或切成薄片）

2 大匙橄欖油

½ 大匙酥油

150 公克乾燥綠扁豆

1 顆圓櫛瓜

2 條紅蘿蔔

¼ 顆白花椰菜

1 片生薑（厚約 4 公分）

1 片薑黃（厚約 4 公分）

½ 小匙阿魏粉

1 塊蔬菜濃縮湯塊

2 小匙咖哩粉

2 小匙孜然籽

數片新鮮或乾燥的咖哩葉

半把芫荽

作法

★ 在平底鍋裡放入橄欖油和酥油，並將切成片的洋蔥和蒜末，炒至金黃色。

★ 洗淨所有蔬菜，需要去皮的蔬菜先削好。將蔬菜切成塊狀。

★ 將所有蔬菜、湯塊和 1 公升過濾水，放入平底鍋中，再加入綠扁豆。攪拌後，
   加入磨好的生薑泥和薑黃泥、咖哩葉、咖哩粉、孜然籽和阿魏粉。無需添加鹽，
   湯塊中的含鹽量已足夠！

★ 等湯煮滾後，轉小火繼續煮 40 分鐘，偶爾攪拌一下。熬煮完成前 5 分鐘，加
   入芫荽。

★ 待蔬菜湯稍涼後，用手持式電動攪拌棒將湯中食材稍微打碎，保留一些蔬菜塊。
   將湯靜置數小時。

★ 食用前重新加熱，可再加上芫荽葉。

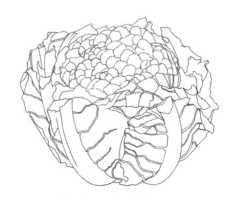

就這麼簡單 | AUSSI SIMPLE QUE ÇA / AS SIMPLY AS THAT
茴香根馬鈴薯辣湯

 2人份　 準備時間：10分鐘　 烹調時間：20分鐘

食材

1 顆大洋蔥

1 瓣大蒜（切碎或切成薄片）

½ 大匙酥油

3 大匙橄欖油

2 顆的茴香根（不要太大）

1 顆厚實的青辣椒（墨西哥辣椒）

1 顆大馬鈴薯

1 片生薑（厚約 4 公分）

2~3 片月桂葉

½ 小匙阿魏粉

1 塊蔬菜濃縮湯塊

1 小撮百里香

作法

★ 在平底鍋裡放入橄欖油和酥油，並將切成片的洋蔥和蒜末，炒至金黃色。

★ 洗淨所有蔬菜，需要去皮的蔬菜先削好。將蔬菜切成塊狀。

★ 將所有蔬菜、湯塊和 500 毫升過濾水，放入平底鍋中。攪拌後，加入磨好的生薑泥、月桂葉、百里香和阿魏粉。無需添加鹽，湯塊中的含鹽量已足夠！

★ 等湯煮滾後，轉小火繼續煮 20 分鐘，偶爾攪拌一下。

★ 待蔬菜湯稍涼後，取出月桂葉，並用手持式電動攪拌棒將湯中食材稍微打碎，保留一些蔬菜塊。將湯靜置數小時。

★ 食用前重新加熱，可再加上少許橄欖油。

唯一 | UNIQUE / ONLY ONE
煙燻豆腐花椰菜濃湯

 3人份　 準備時間：10分鐘　 烹調時間：20分鐘

食材

1 顆洋蔥
1 瓣大蒜（切碎或切成薄片）
1 大匙酥油
1 顆白花椰菜
1 片生薑（厚約 4 公分）
1 片薑黃（厚約 4 公分）
½ 小匙阿魏粉
2 塊蔬菜濃縮湯塊
1 小撮胡椒粉
100 公克煙燻豆腐

作法

★ 在平底鍋裡放入酥油，再將切成片的洋蔥和蒜末，炒至金黃色。

★ 將白花椰菜洗淨並切成塊狀。

★ 將花椰菜、湯塊和 750 毫升過濾水，放入平底鍋中。攪拌後，加入磨好的生薑泥和薑黃泥、胡椒和和阿魏粉。無需添加鹽，湯塊中的含鹽量已足夠！

★ 等湯煮滾後，轉小火繼續煮 20 分鐘，偶爾攪拌一下。

★ 待蔬菜湯稍涼後，用手持式電動攪拌棒將湯打成泥狀。加入切成丁的煙燻豆腐後，將湯靜置數小時。

★ 食用前重新加熱。

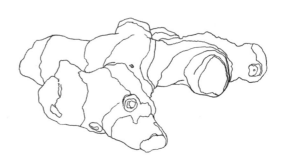

沙漠之歌 | CHANSON DU DÉSERT / DESERT SONG
莧籽櫛瓜濃湯

 3人份　 準備時間：10分鐘　 烹調時間：30分鐘

食材

1 顆紅洋蔥
½ 大匙酥油
2 大匙橄欖油
100 公克莧籽
2 根韭蔥
4 條櫛瓜
1 片生薑（厚約 4 公分）
1 片薑黃（厚約 4 公分）
½ 小匙阿魏粉
1 塊蔬菜濃縮湯塊
豆腐泥

作法

★ 在平底鍋裡放入橄欖油和酥油，再將切成片的洋蔥熱炒至金黃色。

★ 洗淨所有蔬菜，並切成塊狀或段狀。

★ 將所有蔬菜、湯塊和 750 毫升過濾水，放入平底鍋中，再加入莧籽。攪拌後，
　 加入磨好的生薑泥和薑黃泥、阿魏粉。無需添加鹽，湯塊中的含鹽量已足夠！

★ 等湯煮滾後，轉小火繼續煮 30 分鐘，偶爾攪拌一下。

★ 待蔬菜湯稍涼後，用手持式電動攪拌棒將湯打成泥狀。將湯靜置數小時。

★ 食用前重新加熱。 放 2 至 3 大匙的豆腐泥溶於湯中，可使口感更加濃郁。

再一次 ENCORE UNE FOIS / ONCE AGAIN
根芹菜茴香根微辣濃湯

 3人份　　 準備時間：10分鐘　　🦷 烹調時間：20分鐘

食材

1 顆洋蔥
½ 大匙酥油
2 大匙橄欖油
1 顆根芹菜
1 顆茴香根
1 片生薑（厚約 4 公分）
1 片薑黃（厚約 4 公分）

½ 小匙阿魏粉
1 塊蔬菜濃縮湯塊
2 大條乾燥紅辣椒
1 小撮胡椒粉
半把芫荽
豆腐泥

作法

★ 在平底鍋裡放入橄欖油和酥油，並將切成片的洋蔥熱炒至金黃色。

★ 洗淨所有蔬菜，需要去皮的蔬菜先削好。將蔬菜切成塊狀。

★ 將所有蔬菜、湯塊和 750 毫升過濾水，放入平底鍋中。攪拌後，加入磨好的生薑泥和薑黃泥、胡椒粉、紅辣椒和阿魏粉。無需添加鹽，湯塊中的含鹽量已足夠！

★ 等湯煮滾後，轉小火繼續煮 20 分鐘，偶爾攪拌一下。熬煮完成前 5 分鐘，加入芫荽。取出紅辣椒。

★ 待蔬菜湯稍涼後，用手持式電動攪拌棒將湯中食材稍微打碎，保留一些蔬菜塊。將湯靜置數小時。

★ 食用前重新加熱。放 2 至 3 大匙的豆腐泥溶於湯中，可使口感更加濃郁，並可依個人喜好再加上數片芫荽葉。

炎炎夏日 ÉTÉ CHAUD / HOT SUMMER
莧籽圓櫛瓜微辣濃湯

 2人份　　 準備時間：10分鐘　　 烹調時間：20分鐘

食材

5 根細小青蔥
1 瓣大蒜（切碎或切成薄片）
1 大匙酥油
1 大匙橄欖油
100 公克莧籽
2 顆圓櫛瓜
½ 小匙阿魏粉
1 塊蔬菜濃縮湯塊
1 大條乾燥紅辣椒
1 小撮胡椒粉
半把薄荷

作法

★ 在平底鍋裡放入橄欖油和酥油，再將切成段的青蔥和蒜末，炒至金黃色。

★ 洗淨所有蔬菜。將圓櫛瓜切成塊狀。

★ 將蔬菜、湯塊和 500 毫升過濾水，放入平底鍋中，再加入莧籽。攪拌後，再加入紅辣椒、胡椒粉和阿魏粉。無需添加鹽，湯塊中的含鹽量已足夠！

★ 等湯煮滾後，轉小火繼續煮 15 至 20 分鐘，偶爾攪拌一下。熬煮完成前 5 分鐘，加入數片薄荷葉，並取出紅辣椒。

★ 待蔬菜湯稍涼後，用手持式電動攪拌棒將湯打成泥狀。將湯靜置數小時。

★ 食用前重新加熱。

希望 ESPOIR / HOPE
青花菜櫛瓜椰奶濃湯

 3人份　準備時間：10分鐘　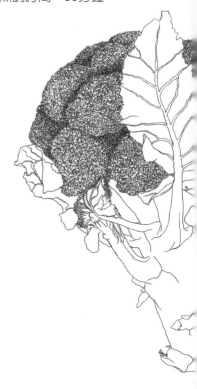　烹調時間：30分鐘

食材

2 或 3 根帶長莖的青蔥
1 大匙酥油
半顆青花菜
2 條櫛瓜
1 小顆地瓜
1 片生薑（厚約 4 公分）
½ 小匙阿魏粉
1 塊蔬菜濃縮湯塊
1 小匙薑黃粉
1 小匙綠色泰國咖哩醬
200 毫升椰奶
1 根香茅
半把芫荽
半把薄荷

作法

★ 在平底鍋裡放入酥油，再將切成段的青蔥炒至金黃色。

★ 洗淨所有蔬菜，需要去皮的蔬菜先削好。將蔬菜切成塊狀。

★ 將所有蔬菜、湯塊和 750 毫升過濾水，放入平底鍋中。攪拌後，加入磨好的生
薑泥和薑黃泥、咖哩醬、香茅和阿魏粉。無需添加鹽，湯塊中的含鹽量已足夠！

★ 等湯煮滾後，轉小火繼續煮 30 分鐘，偶爾攪拌一下。熬煮完成前 10 分鐘，加
入椰奶、薄荷葉和芫荽。取出香茅。

★ 待蔬菜湯稍涼後，用手持式電動攪拌棒將湯打成泥狀。將湯靜置數小時。

★ 食用前重新加熱。

相關建議

烹飪

• 無論你住在哪裡，都一定要走路去菜市場，請用散步的心情，在閒逛的過程中讓你的欲望引領你喔！

• 如果你要在家自製酥油（請參閱 p.42 的食譜），這部影片也可以協助你：https://youtu.be/PUUFDnhhAn4

閱讀

以下的建議讀物可提供更多訊息：

• 《脈輪手冊》（ *The Chakra Handbook*, Shalila Sharamon et Bodo J. Baginski, Lotus Light Publications, 1991）

• 《薄伽梵歌》（ *Bhagavad-Gita*, Paris, Albin Michel , 1970）。印度教最偉大的神聖經典，是所有靈性追求者的指南。關於食物的這一章，絕對扣人心弦！

• 《秘密之書》（ *Le Livre des Secrets*, Bhagwan Shree Rajneesh, Paris, Albin Michel, 1983）

• 《在上之光。真正的冥想》（ *Cette lumière en nous*. La vraie m éditation, Jiddu Krishnamurti, Paris, Stock, 2014）。

• 《活在非二元性》（ *Living Nonduality*, Robert Wolfe, Karina Library, 2009）

• 《讓生命回到本質》（ *Laisser la vie être*, Ramesh S. Balsekar, Éditions du Relié, 2004）

• 《阿育吠陀，自我修復之科學》（ *Ayurvéda. Science de l'autoguérison*, Vasant Lad, Guy Trédaniel Éditions, 2014）

• 《置身恩典》（ *Falling into Grace*, Adyashanti, Sounds True, 2001）。

阿育吠陀

- 阿育吠陀研究網站（英文）：www.ayurveda.com
- 欲與 Mark Keister 預約，請聯繫 Florence Dujarric：f.dujarric@ayur.fr
- 對於阿育吠陀按摩療法，請經由網站 www.lamaisondeveda.fr，與 Helena Subijana 聯繫。
- 你可以參考網站 www.banyanbotanicals.com，訂購阿育吠陀相關產品，並可了解更多有關阿育吠陀的訊息。

瑜伽和冥想

- 如果你想體驗不同類型的瑜伽，可洽詢巴黎的 Tigre Yoga Club（tigre-yoga.com）。
- 若你想瞭解巴黎附近舉辦關於瑜伽和冥想的聚會及講座日期，建議你查詢 etrepresence.org。
- 若你想探索印度最古老的哲學之一，即《吠陀經》，可以查詢 la Chinmaya Mission France：www.chinmayafrance.fr。

音樂

- 如果你還不認識 Sri Shyamji Bhatnagar，他是祕音瑜伽（Nada Yoga）老師及紐約脈輪研究所的創始人，可洽詢 www.chakrainstitute.com 和 etrepresence.org。

BH0037

阿育吠陀養生湯
喚醒七大脈輪能量的 108 道湯品

108 Chakra Soupes

作　　者｜海倫・瑪格麗特・吉歐萬內羅（Helen Margaret Giovanello）
插　　圖｜簡・蒂斯塔爾（Jane Teasdale）
攝　　影｜麗貝卡・珍內（Rebecca Genet）
譯　　者｜黃蓉

責任編輯｜于芝峰
協力編輯｜洪禎璐
美術設計｜劉好音

發 行 人｜蘇拾平
總 編 輯｜于芝峰
副總編輯｜田哲榮
業務發行｜王綬晨、邱紹溢
行銷企劃｜陳詩婷

國家圖書館出版品預行編目（CIP）資料

阿育吠陀養生湯：喚醒七大脈輪能量的 108 道
湯品／海倫・瑪格麗特・吉歐萬內羅（Helen
Margaret Giovanello）著；黃蓉譯 .-- 初版 .
-- 臺北市：橡實文化出版：大雁出版基地發行，
2017.12
288 面 ;17x23 公分
譯自：108 chakra soupes
ISBN 978-957-9001-28-1（平裝）
1. 食譜 2. 湯 3. 食療
427.1　　　　　　　　　　　106019671

出　　版｜橡實文化 ACORN Publishing
　　　　　臺北市 105 松山區復興北路 333 號 11 樓之 4
　　　　　電話：（02）2718-2001 傳真：（02）2719-1308
　　　　　網址：www.acornbooks.com.tw
　　　　　E-mail 信箱：acorn@andbooks.com.tw

發　　行｜大雁出版基地
　　　　　臺北市 105 松山區復興北路 333 號 11 樓之 4
　　　　　電話：（02）2718-2001 傳真：（02）2718-1258
　　　　　讀者服務信箱：andbooks@andbooks.com.tw
　　　　　劃撥帳號：19983379 戶名：大雁文化事業股份有限公司

印　　刷｜中原造像股份有限公司
初版一刷｜2017 年 12 月
初版三刷｜2021 年 9 月
定　　價｜480 元
Ｉ Ｓ Ｂ Ｎ｜978-957-9001-28-1

108 chakra soupes
Copyright © 2016 by Helen Margaret Giovanello
Published by Marabout (Hachette Livre), Paris, 2016
Complex Chinese edition published through The Grayhawk Agency
© 2017 by ACORN Publishing, a division of AND Publishing Ltd.
ALL RIGHTS RESERVED.